science·i

世界最強50！
噴射戰鬥機
戰力超解析

瑞昇文化

德國空軍在第二次世界大戰末期，將全新的戰鬥機投入戰場。使用從以前就進行研發的噴射發動機梅塞施密特Me262，超越以往戰鬥機的高速性能，讓碰上的聯軍駕駛員大為驚訝。然而，對德國來說，戰況日趨惡化，該新戰鬥機的投入隨著戰況改變越來越不具作用。不過時代確實朝向噴射戰鬥機發展。

第二次世界大戰期間，聯軍各國也進行了噴射戰鬥機的開發，不過研究最有進展的還是德國。戰爭一結束，各國帶回德國各種研究資料，噴射戰鬥機陸續進化。於是第二次世界大戰後的作戰用軍用機（戰鬥機、攻擊機以及轟炸機等），完全進入噴射化的時代。接著在韓戰，也展開了噴射戰鬥機的空中對戰。

相較於螺旋槳戰鬥機，噴射戰鬥機最大特徵在於它的高速性。在那個1950年代追求高速性，開始挑戰「音障」。嘗試突破聲音的速度（音速），然而大氣中的移動速度接近音速時空氣開始壓縮，會產生阻力的增加以及出現衝擊波等問題，在突破上需要龐大的能量。那即是「音障」，雖然有一些困難，最後終

於達成戰鬥機進入超音速的時代。

另一方面，使用第二次世界大戰開始實用化的電波，捕捉目標、測量其間距離的雷達隨著技術的進步逐漸可在噴射戰鬥機搭載，朝高機能化發展。早期設備可信度極低，也有探測距離等問題，這些問題慢慢獲得解決，搜尋目標成為更有效的方法。

武器方面，具導引系統的空對空飛彈被實用化，這也成了噴射戰鬥機的必需品。如此一來，噴射戰鬥機進行超音速飛行，可藉由雷達從遠處發現敵人，再用具導引系統的飛彈予以擊破成為基本形態。

然而，進化並非到這裡停止。從一些戰爭教訓得知，無論何種戰機都具有十足可能性進入近接的空中對戰，這種情形下要求駕駛員的空中對戰技術以及具備優異的運動性。由於噴射戰鬥機基本上是以高速飛行，因而具有強大的動能。只是一旦進入急轉向就會急速失去那動力，連續轉向的戰鬥機如何分配、保有該動力成為關鍵。能做到動力管理戰鬥的，就美國來說，屬F-14之後的世代戰機。

近年的戰鬥機，運動性換成敏捷性的用語經常被使用，這意味著飛行能力更加提升了。再者，最新世代戰鬥機不易被雷達捕捉的匿蹤技術備受注目，也產生了像F-22一樣積極採用匿蹤技術的戰鬥機，想必成為未來戰鬥機的必備要素了吧。

本書從噴射戰鬥機的產生到今日，挑選50種建立於各時代的

戰機收錄。本著排除個人偏好，選出評價高或者代表該時代的戰鬥機。其中也有以攻擊任務為主體的戰機，美國代表戰鬥機「F」記號的機種全部成為選擇對象，至於其他國家也有相當數量的機種入選。另外，本書基本上以首次飛行順序排列，一部分因構成及頁數限制更換了順序。

最後，於編寫本書之際，Science-i編輯部益田賢治氏給予了許多建議。藉此表達感謝之意。

青木謙知

CONTENTS

世界最強50！噴射戰鬥機戰力超解析

細數黎明期到最新世代的戰鬥機，誰會是每個世代的空中霸主？！

CONTENTS

第 1 章
黎明期

第二次世界大戰從使用螺旋槳的往復式戰鬥機到搭載噴射發動機的噴射
戰鬥機登場，之後戰鬥機的主力移到了噴射機。本書開頭的第一章，舉
出在世界大戰到韓戰等表現活躍具代表性的戰機，根據雷達圖上的評比
驗證該戰鬥機的實力。

梅塞施密特Me262

　　梅塞施密特Me262是第二次世界大戰唯一用於正式戰鬥、世界上首次投入實戰的噴射戰鬥機。1938年德國計劃開發噴射戰鬥機，於八月份要求 BMW 和雨果・容克斯（Hugo Junkers）兩家公司開發引擎，並在年底針對梅塞施密特戰鬥機發表了簡單的機體規格。1939年12月收到製造三架原型機的訂單，雖在1941年完成，引擎開發上卻慢了許多。為此，試製的一號原型機Me262V1，將容克斯 Jumo 210G 這款活塞發動機裝備在機頭進行首次飛行。

　　BMW 在發動機開發的作業上雖延誤了，不過容克斯在1941這年解決了大部分的問題，實用化有了頭緒。只是跟 BMW 的發動機相比，顯得大又重，因此有必要更改機體設計。這一連串的作業結束後，1942年7月18日三號機（Me262V3）靠著容克斯 Jumo 004 型渦輪噴射發動機，進行了首次試飛。Me262一共打造出十二架原型機，其中首次在六號機上設置收放式起落架等，完成度逐漸提高。

　　另一方面，1943年11月德國元首希特勒看了示範飛行，表示「高速戰鬥轟炸機終於出現了，靠它應該能打擊盟軍」。Me262原是作為戰鬥機被開發，但元首的命令是絕對、不可違背的，於是緊急修改成戰鬥轟炸機。但初期的量產機來不及這項作業，只完成了純粹的戰鬥機。機體方面，在機身三角形斷面的正中央底下，以18.5度的後掠角裝上斜向後方的主翼，再將發動機緊密地安裝在該主翼上。

　　Me262首次投入實戰是在1944年7月25日，實驗部隊EK262的所屬戰鬥機攻擊了英國空軍的蚊式偵察機。Me262在大戰結束前大約製造了1,430架，編制了好幾支部隊。作戰方式基本上避免與敵

方戰鬥機交戰，充分運用Me262的高速飛行能力，採「打了就跑」戰術擊落眾多轟炸機。也就是先從後方約650公尺一起發射飛彈，距離拉近150公尺左右時，再持續發射MK108 30公釐機砲。

世界上首次運用在實戰的歷史性噴射戰鬥機－梅塞斯密特Me262。圖中是Me262A-1a。主要諸元（Me262A-1a）：翼展12.48公尺、機長10.60公尺、機高3.84公尺、翼面積21.7平方公尺、空重3,800公斤、最大起飛重量6,400公斤、動力：容克斯Jumo 004B（8.8kN）×2、最大時速870公里、實用升限11,450公尺、航續距離1,050公里、乘員1名。　　　　　　　　　　　　（圖片提供：美國空軍博物館）

- Me262V1～V12：製造的12架試作原型機，只有一號機 Me262V1靠著活塞發動機在首次試飛後安裝了BMW 003型渦噴發動機。六號機（Me262V6）首次配備收放式起落架，七號機（Me262V7）試驗性裝上了機內氣壓能高維持的增壓式座艙，八號機（Me262V8）首次在機鼻裝備4門MK108 30公釐機砲。奉希特勒元首命令建造的十號機（Me262V10），成為第一架可搭載兩發250公斤炸彈的戰鬥轟炸機型。

- Me262A-0：裝備Jumo 004B發動機的前量產機型，以戰鬥機規格建造完成。

- Me262A-1a：初期生產的戰鬥機型，裝有4門MK108 30公釐機砲。

- Me262A-1b：基本上與Me262A-1a相似，主翼下可裝備24發 R4M空對空火箭彈。

- Me262A-2a：戰鬥轟炸機型，機體本身與Me262A-1a相同，前方機身下可裝載一發500公斤以及兩發250公斤炸彈。

- Me262B-1a：雙座教練機型，A型的駕駛艙後方設有飛行教官座艙。由於燃料搭載量因此減少，可在前機身下方攜掛2具300公升燃料副油箱。

- Me262B-1a／U1：運用Me262B-1a的機體架構所製成的夜間戰鬥機型，機鼻裝備了FuG 218海王星型雷達。

- Me262B-2a：真正的雙座夜間戰鬥機型，在座艙前後加長機身，於後部機身上往斜上加裝2門MK108 30公釐機砲，不過沒有被量產。

●**Me262C-1a**：把Me163火箭戰鬥機的發動機，作為推進器加裝
　在Me262的機型，僅生產一架原型機。

●**Me262C-2b**：以噴氣／火箭複合助推器BMW 109-003R作為發
　動機裝備的機型，該款機型同樣僅生產一架。

　　Me262僅配屬空軍，以第44戰鬥隊（JV44）為首，配屬至五個
戰鬥航空師等。

梅塞施密特公司戰後乃以飛機製造商再起，歷經合併與企業統合後，今日成為
EADS Germany 公司。圖中於慕尼黑近郊 EADS Germany 公司內博物館作展示的
Me262A-1a。　　　　　　　　　　　　　　　　（圖片提供：青木謙知）

格洛斯特流星式

　　英國在1930年代研究的噴射發動機一邁入實用化，空軍部立刻於1940年11月提出噴射戰鬥機的開發規格書。格洛斯特公司（Gloster Aircraft Company）對此提出稱為G.41的設計案，1941年2月獲得建造12架原型機的契約。動力原本選用（之後被勞斯萊斯收購）Rover公司所研發推力4.4kN的W.2B，卻來不及量產，於是1943年3月5日的首飛使用了6.7kN德哈維蘭（de Havilland）公司的哈福德（Halford）H.1。裝備W.2B的機體在1943年6月12日進行首飛。8號機則裝備推力7.6kN的勞斯萊斯W.2B／23於1944年4月18日首飛，此為量產型的發動機。

　　英國空軍決定以**流星式**（Meteor）的名字裝備這架噴射戰鬥機，首先訂購20架原型機，該生產型一號機於1944年1月12日進行第一次試飛。1944年7月12日先將2架機交付實戰部隊、配備於第616飛行中隊。如此一來流星式也做好投入第二次世界大戰的準備，然而不像Me262參與真正的戰鬥。僅在配備後不久的7月27日，對飛來的V-1飛行炸彈進行攻擊等的防空活動。流星式在第二次世界大戰幾乎沒有表現，戰後卻開發了眾多衍生型，作為英國空軍最初的實用噴射戰鬥機長期活動。

　　流星式將面積較大的直線主翼，採低單翼裝在橫切面的機身上，呈現主翼隔著發動機分居內外兩側的形式，形狀就像發動機埋在主翼裏面。駕駛座艙在主翼更前方的位置，雖然不同於位在主翼位置的Me262，這種配置成為日後噴射戰鬥機的一般形式。後部機身形成較為修長的尾桁，前端有垂直安定面，水平安定面設置中央。

　　1945年9月20日在發動機前面部分安裝直徑2.41公尺的螺旋槳，

由噴射發動機轉動螺旋槳稱為 Trent-Meteor 的實驗機進行第一次飛行。此為世界最初的渦輪螺旋槳機。

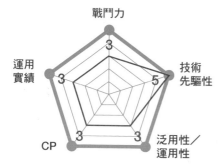

第二次世界大戰期間成為盟軍最初的實用戰鬥機的格洛斯特流星式。圖中是流星式 F.Mk Ⅲ。主要諸元（流星 F.Mk Ⅰ）：翼展 13.11 公尺、機長 12.57 公尺、機高 3.96 公尺、翼面積 34.7 平方公尺、空重 2,692 公斤、最大起飛重量 6,257 公斤、動力：勞斯萊斯 W.2B／23C 維蘭（Welland）（7.6kN）×2、最大時速 668 公里、實用升限 12,190 公尺、乘員 1 名。
（圖片提供：英國空軍）

格洛斯特流星式

● 流星 F.Mk Ⅰ：最初的量產型，主要裝備4門20公釐機關砲。

● 流星 F.Mk Ⅱ：裝備12.0kN妖精（Goblin）發動機的機型，比照該規格製造了六號機，於1944年7月24日首次飛行，但未量產。

● 流星 F.Mk Ⅲ：增加Mk Ⅰ的燃料搭載量，座艙罩採水滴型設計改善了視野的機型。

● 流星 F.Mk Ⅳ（後來改為 F.Mk4）：主翼長度縮短1.78公尺的性能提升型。

● 流星 T.Mk7：以F.Mk Ⅳ為基礎的雙座教練機型。

● 流星 F.Mk8：利用T.Mk7加長機身的單座艙機型，增加燃料搭載量，裝備馬丁貝克（Martin-Baker）公司製的彈射椅。發動機是16.0kN的德文特（Derwent）8型。

● 流星 FR.Mk9：F.Mk8的偵察型。

● 流星 PR.Mk10：結合了F.Mk Ⅲ的主翼、F.Mk Ⅳ的尾翼、以及FR.Mk9機身的偵察型。

● 流星 NF.Mk11：機鼻裝備SCR-720 AIMk10雷達的夜間戰鬥機型，原型機於1950年5月31日進行首次試飛。

● 流星 NF.Mk12：裝備美製AN／APS-21雷達的夜間戰鬥機型，是流星式所有機型中能以最高速飛行。

● 流星 NF.Mk13：NF.Mk11的熱帶地區規格型。

● 流星 NF.Mk14：為了減低阻力在NF.Mk12做細部空力修改的型號。

● 流星 U.Mk15／16：改造F.Mk Ⅳ和F.Mk8的靶機型，與澳大利亞空軍改造NF.Mk11而成的U.Mk21作同樣用途使用。

　流星式總共製造了3,947架機，配備於英國空軍眾多飛行中隊。
英國海軍也裝備流星式戰機，並出口到澳大利亞、比利時、以色
列。澳大利亞空軍第77飛行中隊的流星式戰機在韓戰投入實戰。裝
備流星式的國家雖然多達17個國家，但大多接收中古機。

流星式投入戰爭後製造出眾多改良衍生機型，製造了將近4,000架。圖中為最終生
產型，在機鼻裝載美國製AN／APS-21雷達的夜間戰鬥機型流星NF.Mk14。
（圖片提供：英國空軍）

德哈維蘭吸血鬼式

　　初期英製噴射發動機的最大問題在於推力不足，因此在開發噴射戰鬥機之時不得不造出像流星式（Meteor）那樣的雙引擎戰鬥機。不過發動機逐漸大推力化便嘗試了單引擎戰鬥機的設計，德哈維蘭（de Havilland）公司也設計了稱為DH.99的機種。該設計是將雙尾桁從主翼內側延長至後方以構成尾部，並將座艙和動發機等等收在中央短機身內的獨特配置。這是把發動機的排氣口縮到最短，讓發動機推力損失最少的手法。

　　針對這點加以改良製造的DH.100，獲得空軍部的認同，原型機在距離流星式僅僅半年後的1943年9月20日進行了首次試飛。裝備的發動機，是德哈維蘭的妖精（Gobiln）I型（推力9.3kN）。不過，因必須供給美國噴射發動機，開發作業只能以緩慢的速度進行，量產型首次試飛是1945年4月，開始於英國空軍實用配備則是在1946年6月，並未趕上第二次世界大戰。

　　吸血鬼式（Vampire）採用了像上述雙尾桁這種獨特的機體結構。由於吸血鬼式的成功，德哈維蘭公司之後在海軍型的大型雙引擎全天候戰鬥機海潑婦（Sea Vixen）式及吸血鬼式的戰鬥轟炸機型毒液式也使用了相同的機體結構。主翼面積較大，翼端使用漸縮機翼的形狀，採中單翼置於機身。在左右前緣根部具有發動機用的進氣口。兩片修長的尾桁從主翼內翼部向後方延伸，每片尾桁終端都有垂直安定面，還有一個水平安定面連接左右的尾桁。兩個尾桁間的水平安定面，後緣裝有昇降舵。

　　吸血鬼式還創下了幾項記錄。比如說，吸血鬼式是英國空軍第一架擁有超過時速800公里的戰鬥機。另外於1945年12月4日，艦載

型改造而成的實驗機在航空母艦進行起降，成為世界上第一架用在航空母艦上的噴射機。再者，於1948年7月14日成為世界上第一架橫越大西洋的噴射機。

　　戰鬥力
　　　3

運用　　　　　　　　　技術
實績　　　　　　　　　先驅性
　3　　　　　　　4

　　3　　　3
CP　　　　　　泛用性／
　　　　　　　運用性

德哈維蘭公司開發的單引擎噴射戰鬥機－吸血鬼式。圖中是吸血鬼F.Mk1。主要諸元（吸血鬼F.Mk6）：翼展11.58公尺、機長9.37公尺、機高2.69公尺、翼面積24.3平方公尺、空重3,304公斤、最大起飛重量5,620公斤、動力：德哈維蘭妖精3型（14.9kN）×1、最大時速882公里、實用升限13,045公尺、航續距離1,963公里、乘員1名。
（圖片提供：英國空軍）

德哈維蘭吸血鬼式

- 吸血鬼 F.Mk1：單座戰鬥機型的量產機，發動機裝備了推力提昇為10.2kN的妖精1型。該發動機之後推力再提昇至12.0kN

- 吸血鬼 Mk Ⅱ：裝載了勞斯萊斯尼恩（Rolls Royce. Nene）發動機的實驗機。

- 吸血鬼 F.Mk3：發動機裝備妖精2型（13.8kN）的單座戰鬥機型。

- 吸血鬼 FB.Mk5：以F.Mk3為基礎的戰鬥轟炸機型，除了澳大利亞，輸出機上印有編號50的數字（下一行是授權國別）。

- 吸血鬼 F.Mk6：瑞士空軍訂製的FB.Mk5規格機，發動機為妖精（14.9kN）。被製造的178架機中，100架在瑞士生產。

- 吸血鬼 Mk8：裝備了22.2kN鬼怪（Ghost）發動機的實驗機。

- 吸血鬼 FB.Mk6：基本上與FB.Mk5相同，在駕駛艙增加了空調的改良作業。

- 吸血鬼 NF.Mk10：在機鼻裝備雷達的雙座夜間戰鬥機型，以英國空軍中古機交付給印度的機型被命名為NF.Mk54。

- 吸血鬼 T.MK11：雙座的教練型。

- 海軍型吸血鬼 F.Mk20：以FB.Mk5為基礎的艦載機型，交付英國海軍使用。

- 海軍型吸血鬼 F.Mk21：空軍F.Mk3的艦載機改造型。

- 海軍型吸血鬼 T.Mk22：英國海軍訂製的雙座教練機型。

- 吸血鬼 F.Mk30：澳大利亞空軍訂製的單座戰鬥轟炸機型，裝備了尼恩發動機。

- 吸血鬼 FB.Mk31：基本上與吸血鬼FB.Mk30相同，在澳大利亞製造的機型。

　　吸血鬼式總共生產超過3,200機，若包含購買中古機的國家，則有31個國家軍隊運用。因此各機型種類多樣，前文提到的僅為主要機型，編號50為基於FB.Mk5的外銷機，編號30則為基於T.MK11的教練機型外銷機。

德哈維蘭公司於設計單引擎噴射戰鬥機之際，採用了發動機搭載在短機身末部、尾翼安裝在從左右主翼延伸出去的尾桁上，稱為雙尾桁形式的機體結構。圖中是加拿大空軍進行編隊飛行的吸血鬼F.Mk3。　　　　　　（圖片提供：加拿大國防部）

洛克希德P-80射星式

　　美國也從第二次世界大戰進行噴射戰鬥機的開發，1942年10月1日貝爾公司（Bell Aircraft Corporation）設計的原型機P-59A進行了首飛。這是美國第一架噴射戰鬥機，製造了50架量產型P-59空中彗星（Airacoment），其性能與螺旋槳戰鬥機同等或在它之下，大失所望的美國陸軍航空軍立刻要求製造公司研發新型噴射戰鬥機。洛克希德公司（Lockheed Corporation）順應了高性能和開發期短的嚴格要求，於1943年6月著手開發，僅在143天後便完成，XP-80原型機於之後的1944年1月8日進行了首飛。該機體裝備了推力13.3kN英製哈福德（Halford）H.1B發動機，二號機以後換裝勞斯萊斯德文特（Rolls-Royce Derwent）的改良型的通用電機（GE）公司I-40（軍方名稱J33。後來為阿裏遜製造），量產機也使用了該發動機。當時，戰鬥機印有代表「攔截機」的「P」，1947年美國空軍一獨立戰鬥機記號改為「F」，此後便以F-80稱呼。

　　P-80將平直翼低翼配置在橫切面的細長機身上，發動機設置在後方機身內。進氣口位在機身兩側的主翼根部，為了確保大量空氣流入，在進氣口前的機身側面挖開一小部分。在兩側主翼端下方裝置存放追加燃料的副油箱。

　　P-80的量產型自1945年2月起開始配備美國陸軍航空軍的作戰部隊，1945年7月配備機數到達83架。由於日本在這年的8月15日投降，所以並未參加第二次世界大戰。至於量產方面，原本因應戰事拖長計劃生產5,000架，戰後立刻削減為2,000架。另一方面，1950年6月25日韓戰爆發，立刻被派至朝鮮半島，成為美國空軍第一種投入實戰的噴射戰鬥機。接著在這年的11月8日，與MiG-15空

中對戰時擊落對手，在噴射戰鬥機的空中對戰記錄了世界初次的戰果，不過性能方面明顯不如更近代的 MiG-15。

成為美國第一種真正實用的噴射戰鬥機－洛克希德 P-80 射星式（Shotting Star）。圖中是首批量產型 P-80A。主要諸元（P-80C）：翼展 11.18 公尺、機長 10.49 公尺、機高 3.43 公尺、翼面積 22.1 平方公尺、空重 3,819 公斤、最大起飛重量 7,646 公斤、動力：阿裏遜（Allison）J33-A-35（24.0kN）×1、最大時速 966 公里、實用升限 14,265 公尺、航續距離 1,328 公里、乘員 1 名。　　　　（圖片提供：美國空軍）

- **YP-80A**：P-80A的前量產型。

- **P-80A**（名稱變更後為**F-80A**）：最初的量產型，裝備通用電機公司製造的J33-GE-11發動機（17.1kN），武器裝備6挺127公釐機關槍。

- **F-14A**（後為**RP-80A**，又改稱**RF-80A**）：基於P-80A的偵察型，大多是改造機，14架重新製造成F-14A。

- **XP-80B**：修改機翼、發動機裝備阿裏遜製J33-A-17（17.8kN）改良型的原型機。

- **P-80**（**F-80B**）：XP-80B的量產型，增加了彈射座椅設備以及起飛輔助火箭裝置機能等等改良。

- **P-80C**（**F-80C**）：發動機換裝了增強型J33-A-23（20.4kN）的改良型，後期生產型則裝備了J33-A-35（24.0kN）。P-80A與P-80C改造成的偵察型，使用RF-80C的名稱。

- **DF-80A**：P-80A改造成稱為靶機（Dron）管制機之搖控飛機的名稱。

- **QF-80A／B／C**：將P-80A／B／C分別改造成無人靶機後的名稱。

- **TP-80C**（後來稱為**TF-80C**）：以P-80C為基礎作成雙座教練機的原型機，首飛時的名稱是TF-80C。該機量產型稱為T-33A。

- **TO-1**（後來稱為**TV-1**）：F-80C移交美國海軍後的名稱，主要用於海軍陸戰隊的噴射駕駛員訓練上。

此外，教練型以T-33A的名稱進行量產，相同機型在美國海軍命名為TO-2（後來稱為TV-2）。再者，作為實驗機製造的2架TF-

80C，之後被改造成F-94星火式（Starfire）戰鬥機。

　　P-80總共生產了1,715架機，成為美國陸軍航空軍（陸軍於1947年9月18日獨立後成為美國空軍）第一種真正實用的戰鬥機，除了美國，還有7個國家進行運用。而其教練型衍生機T-33A，製造了6,500架以上，除了長期交付日本航空自衛隊使用外，在39個國家持續運用。

P-80的最終生產、系列機中的最終版本－P 80C。基本機體形狀白P 80A起就不再變更，主要進行增強推力的性能提昇。主翼下裝載了1,000磅（454公斤）炸彈。

（圖片提供：美國空軍）

以飛機製造商創建於1939年的麥克唐納飛行器公司（McDonnell Aircraft Corporation），試製獨特的雙引擎戰鬥機XP-67，於1944年1月6日進行第一次飛行。該機種因本身毛病太多沒有成功，但那充滿野心的設計吸引了海軍航空技術者的注意，海軍在1943年8月30日XP-67尚處開發階段時，就與麥克唐納公司簽訂合約試製使用噴射發動機的艦載戰鬥機。由此可以看出海軍對麥克唐納公司的技術給予高度評價並且大力提拔，不過艦載戰鬥機的各家製造商於戰爭期間忙著戰鬥機的量產，在開發噴射戰鬥機這方面已無餘力。

不管怎樣，接受委託以DXFD-1的機體名稱製造原型機的麥克唐納公司，立刻著手設計與製造。原本設計為雙引擎戰鬥機，然而在原型機完成時，西屋（Westinghouse）公司製的19XB-2B發動機只完成一具，於是先就一具發動機開始了地面測試。因測試結果良好，首航決定也以一具發動機進行，於1945年1月26日進行了第一次飛行。由於之後的飛行測試成果令人滿意，海軍於3月份簽下量產的合約，但因名稱出現問題，量產型的名字變更為FH-1。

機體結構為，發動機安裝在低翼配置的主翼根部，又因配置在主翼前方的駕駛艙設置了大型水滴形座艙罩，從而獲得絕佳的視野。另外，航空母艦上為了節省空間，為折疊式主翼。試製二號機於1946年7月21日，在富蘭克林羅斯福號航空母艦進行起飛和降落，成為美國第一種在航空母艦上服役的噴射戰鬥機。

移至量產之際，為了解決操作上的問題，採用了幾項細部改良。發動機也換成推力7.1Kn的西屋J30-WE-20，可在機腹攜帶副油箱。FH-1雖因動力不足等缺點無法進行大規模量產，仍然贏得美國

海軍第一架噴射戰鬥機的榮譽。

美國海軍最初的噴射戰鬥機－麥克唐納FH幽靈式。圖中為原型機XFD-1。主要諸元（FH-1）：翼展12.42公尺、機長11.35公尺、機高4.32公尺、翼面積24.6平方公尺、空重3,013公斤、最大起飛重量5,459公斤、動力：西屋J30-WE-20（7.1kN）×2、最大時速771公里、實用升限12,525公尺、航續距離1,118公里、乘員1名。
（圖片提供：美國海軍）

麥克唐納FH幽靈式

●FH-1：最初的量產型，只製造了這個型號。原本簽訂100架的量產合約，因第二次世界大戰即將告終而被削減成60架，加上2架原型機一共生產了62架。該FH-1在設計上裝備推力更大的J34-WE-34（14.5kN），並且在各部分增加改良，衍生出麥克唐納公司的下一架戰鬥機F2H女妖式（Banshee）戰鬥機，該女妖式製造了895架機，也投入韓戰。

另外，機體名稱由FD-1變更為FH-1的理由如下。按照1926年海軍規定，第二個英文字母代表公司名稱，麥克唐納的字母M已分配給馬丁（Martin）公司。字母D雖然已分配給道格拉斯公司，不過道格拉斯當時並未製造海軍適用的航空機，海軍便把字母D給麥克唐納公司使用。然而，道格拉斯也表明計劃開發海軍適用的航空機時，海軍將字母D還給道格拉斯，空著的字母H則分配給麥克唐納。

FH-1沒有外銷，只有在美國海軍、海軍陸戰隊使用。首先在1947年8月份配備海軍第17A中隊（VF-17A。之後部隊名字改為VF-171）開始服役，接下來也在1947年11月開始配備海軍陸戰隊第122海軍陸戰隊戰鬥機中隊（VMF-122）。VF-17A於1948年5月5日部署塞班號（Saipan）航空母艦，成為海軍第一支艦載噴射戰鬥機中隊。

實際運用的FH-1，具有航續距離短及一些問題。為此，海軍打算用在重點防空上，速度性能和爬升率僅在螺旋槳戰鬥機之上，與已經在空軍服役的P-80相比實力差太多，無法期待空中作戰能力。鑒於第二次世界大戰的教訓，海軍認為艦載戰鬥機應該具有戰鬥轟炸機的能力，FH-1卻是無法搭載任何彈藥的設計，所以也不適合這項

任務。況且搭載的器材為舊式並不具發展性，如同上文所述，製造
機數少，1949年便從第一線部隊退下結束短暫的服役。

當時的新興飛機製造商麥克唐納公司所開發製造的FH幽靈式（Phantom），採用傳
統、不具特色的設計絕非成功之作。不過，確實是麥克唐納公司日後經手眾多艦載
噴射戰鬥機的寶貴第一作。　　　　　　　　　　　　　　（圖片提供：麥克唐納）

第二次世界大戰中建造了螺旋槳重型戰鬥機P-47雷霆式（Thunderbolt）的美國共和（Republic）飛機公司，於1944年著手研究該機的後繼噴射戰鬥機。這項計畫選上美國陸軍的晝間噴射戰鬥機，1944年11月取得製造原型機XP-84的合約。該原型機首飛是在1946年2月28日，設計太好的緣故，陸軍航空軍早在試飛前就訂購了量產型。機體空重屢屢增加，動力卻沒有跟著提升，加上發動機的生產也有困難，在開發上遇到了阻礙。結果首批量產型P-84B延到1947年才完成。1947年美國空軍獨立後，機體名稱隨即變更為**F-84**。

F-84採平直翼中翼配置在圓桶狀機身，通用電機公司（GE）（後為艾利遜製造）J35渦輪噴射發動機（推力17.8kN）內藏在後方機身內，在機鼻前端開口作為進氣口的機體結構。駕駛座配置在機身較高位置，幾乎可直接將空氣從進氣口引進發動機，作有效吸氣。垂直安定面偏圓形，在它之下的機身上方位置安裝水平安定面。主翼端可安裝副油箱。

後掠翼在F-86軍刀式（參看34頁）實用化後，F-84也決定開發後掠翼機型，於是製造了**F-84雷霆閃電式**（Thunderstreak）。機翼前緣設計成具有38.5度後掠角的主翼，向下轉3.5度（稱為下反角）被裝置在機身。垂直安定面也形成具有後掠角的角度，水平安定面設在當中形成中單翼佈局。廢除主翼端的副油箱，換成可在主翼底下攜帶副油箱。另外，為了具備戰鬥轟炸機的高度性能，有必要提升發動機，因此換裝一具推力32.1kN的萊特（Wright）J65-W-3型渦輪噴射發動機。F-84F的前量產型YF-84F，於1950年6月3日進

行了第一次飛行。雷霆噴射式與雷霆閃電式一共量產超過 10,000 架。

發射火箭彈的共和 F-84 平直翼機型－F-84E 雷霆噴射式（Thunderjet）。主要諸元（F-84G）：翼展 11.10 公尺、機長 11.61 公尺、機高 3.84 公尺、翼面積 24.2 平方公尺、空重 5,037 公斤、最大起飛重量 8,465 公斤、動力：艾利遜（Allison）J35-A-29（24.9kN）×1、最大時速 1,000 公里、實用升限 12,340 公尺、航續距離 3,128 公里、乘員 1 名。　　　　　　　　　　　　　　　　　　　（圖片提供：美國空軍）

● **P-84B**：最初的生產型，基本上與原型機XP-84及前量產型YAP-84A相似，裝備彈射椅的同時，也可以武裝使用火箭彈。

● **P-84C**（後改稱為**F-84C**）：基本上與P-84B相似，增加了電氣系統等若干改良。

● **F-84D**：強化主副機翼外板厚度，起落架也經過加強的機型。發動機換裝成增強型的艾利遜J35-A-17D（22.2kN）。

● **F-84E**：F-84D的前方機身稍作延長，加大駕駛艙的型號。另外裝備了AN／APG-30雷達測距射擊瞄準器，還能在助飛火箭的輔助下起飛。

● **F-84F**：如前項所述，為F-84的後掠翼配備型，暱稱也改為雷霆閃電式。此外，在尾翼等處也進行多項設計變更，發動機裝備推力32.1kN的萊特J65-W-3。

● **RF-84F**：F-84F的偵察型，發動機使用減少若干動力的J56-W-1及-1A。

● **F-84G**：平直型系列的最終生產型，發動機使用J35-A-29（24.9kN）。具有搭載核武器的能力，並且可以安裝空中加油裝置。

F-34自1947年11月起開始配備於美國空軍，也投入韓戰。最先投入的F-84B與C型在動力方面有問題，1950年12月抵達的F-84D與E型展示了卓越的戰果。並且將100架F-84E交付丹麥、西德（當時）、義大利等北約組織（NATO）各國，接著F-84G成為北約盟軍的主力戰鬥轟炸機，所製造3,025架中的1,936架機被交到北約組織各國。

　　後掠翼型的F-84F，開發階段具有某些問題，所以延至1954年才在美國空軍開始服役，又因新世代機的登場，全機在1958年退役下來。不過1961年8月柏林遭到封鎖時，曾以第一線戰鬥機重返戰場。之後雖於1964年從第一線部隊退役，在美國空軍國民警衛的航空隊持續服役到1971年為止。

適合高速飛行的後掠翼實用化後，F-84也製造了裝備後掠翼的F-84F雷霆閃電式。
主要諸元（F-84F）：翼展10.24公尺、機長13.23公尺、機高4.39公尺、翼面積30.2平方公尺、空重6,273公斤、最大起飛重量12,701公斤、動力：萊特J65-W-3（32.1kN）×1、最大時速1,118公里、實用升限14,020公尺、戰鬥行動半徑1,304公里、乘員1名。　　　　　　　　　　　　　　　　　（圖片提供：美國空軍）

　　美國陸軍於1944年末，與北美航空公司簽訂以同公司的NA-140設計為藍本，試製XP-86噴射戰鬥轟炸機的契約。但是到了戰後，取得德國後掠翼（翼端設在裝置點的更後方，呈現機翼向斜後方延伸形式的機翼）的研究資料後，認同其效用，決定也將那樣的機翼引進XP-86。變更設計的結果，XP-86的首航變成在1947年10月1日。

　　XP-86採用推力18.0kN通用電機公司（GE）的J35-C-3渦輪噴射單發動機，發動機置於後方機身內，機鼻部分以大開口設計進氣。具35度後掠角的主翼，採低翼配置在機身幾近中央位置，尾翼部分的垂直安定面和水平安定面同樣具有後掠角，水平安定面設置在後方機身上面的位置。

　　F-86以具後掠角的主翼，搭配減慢降落速度的前緣縫翼這方面，引進德國Me262的手法。但是到了後期生產型的F-86，主翼延長6英吋（15.2公分）、翼端延長3英吋（7.6公分），並淘汰前緣縫翼。該主翼被稱為「6-3型機翼」。而F-86E以後，都做成了全動式水平安定面的機型。

　　在F-86系列中外形大幅變化的是F-86D。機鼻裝備AN／APG-37型射控雷達，，並裝置了休斯（Hughes）E-3（後來為E-4）火控系統。原本預定命名為F-95，後來因使用了F-86的基本設計而成為F-86D。裝有雷達，所以機鼻上方附大型雷達罩，看起來像狗的鼻子又配合型號D，也被稱作「軍刀猛犬式」（Sabre -Dog）。前方機腹下具有收放式托架，裡面收納了24發火箭彈，射擊時放下托架以發射火箭彈。發動機方面，為附後燃器的通用電機公司（GE）J47-

GE-17B型，使用後燃器時推力增加到33.4kN。該機的簡易型為F-86K，升級改良型為F-86L。F-86D為裝備雷達的全天候戰鬥機，卻因電子裝置缺少可信度而無法成為F-86的主力機，晝間戰鬥轟炸機型的F-86F反而是更活躍的機型。

成為美國空軍初期噴射戰鬥機最高峰的北美F-86軍刀式戰鬥機。圖片是身處韓戰的F-86E。主要諸元（F-86F）：翼展11.30公尺、機長11.43公尺、機高4.50公尺、翼面積28.1平方公尺、空重4,944公斤、最大起飛重量8,136公斤、動力：通用電機（GE）公司J47-GE-27（26.3kN）×1、最大時速978公里、實用升限14,630公尺、戰鬥行動半徑737公里、乘員1名。
（圖片提供：美國空軍）

- **P-86A**（後改稱為**F-86A**）：首批生產型，裝備推力23.1kN的J47-GE-7發動機。也有改造成偵察型的RF-86A。

- **F-86B**：加大F-86A機身，且輪胎大型化的機型。

- **F-86D**：裝備雷達的全天候戰鬥機型。參看前文。

- **F-86E**：移除水平安定面的昇降舵，裝備了轉動全體安定面、進行俯仰操作的全動式水平安定面的機型。

- **F-86F**：F-86E引進6-3型機翼（參看前文）的機種，稱為F-40的機種前緣裝有縫翼。日本航空自衛隊也有裝備，在三菱重工業進行F-40的授權生產。另外，部分航空自衛隊機被改造成偵察型RF-86F。

- **TF-86F**：F-86F改造成雙座型的機種，延長了機身。最終F-86沒有大量生產雙座型。

- **F-86H**：搭載了低空轟炸系統（LABS）的真正戰鬥轟炸機型，增加機體高度，裝備最大推力39.7kN的J73-GE-3D發動機。

- **F-86J**：奧倫達渦輪噴射發動機（Orenda turbojet）的配備型，只生產了一架。

- **F-86K**：滿足北約組織各國要求的F-86D型，裝備MG-4火控系統。

- **F-86L**：F-86D的能力提升改良機，主翼採用F-40的設計，換裝增強型發動機等等。

此外，在加拿大的達美（Canadair）航空公司（現在為龐巴迪公司）製造了軍刀Mk1到軍刀Mk6，Mk3起Mk6裝備奧倫達發動機，在加拿大、英國、西德（當時）、哥倫比亞、南非使用。美國

海軍引進的 FJ-2～FJ-4 憤怒式（Fury）系列戰機，基本設計也與 F-86 相似，這邊礙於頁數限制只好割愛。

　　F-86 從 1949 年起開始在美國空軍配備部隊，當共產軍開始將裝備後掠翼的 MiG-15（參看 42 頁）投入韓戰，美國隨即也將最新後掠翼戰鬥機 F-86 部署在朝鮮半島。根據美國空軍的記錄，F-86 對米格機的空戰記錄，擊落架數為 792 架對 78 架，十比一的擊墜率獲得壓倒性勝利。另外還外銷到眾多國家，包含日本和義大利所生產的，總共製造了 9,800 架飛機。

F-86 製造了機鼻裝備雷達的全天候作戰機型 F-86D／K／L。圖中是 F-86D 升級之後的 F-86L，機鼻下的火箭彈托架被放下來。主要諸元（F-86D）：翼展 11.30 公尺、機長 12.29 公尺、機高 4.57 公尺、翼面積 27.8 平方公尺、空重 5,656 公斤、最大起飛重量 7,756 公斤、動力：通用電機公司（GE）J47-GEG-17B（後燃器開啟時推力 33.3kN）×1、最大時速 1,138 公里、實用升限 16,640 公尺、航續距離 1,344 公里、乘員 1 名。
（圖片提供：美國空軍）

以往經手美國海軍主力艦載戰鬥機的格魯曼公司，在第二次世界大戰期間首次開發的噴射戰鬥機為 **F9F黑豹式**（Panther）。格魯曼公司於戰爭末期開始研究稱為 G-79D 的噴射戰鬥機，對此美國海軍在1946年9月份訂購3架原型機的製造。原型一號機裝備美商普惠（P&W）公司授權生產的勞斯萊斯尼恩（Rolls Royce. Nene）渦輪噴射發動機J42（推力22.2kN），於1947年11月24日進行首飛。至於三號機，使用了艾利遜（Allison）J33型（推力20.4kN）發動機，量產型則兩種型號擇一使用。

黑豹式將平直機翼採中單翼配置於體型較寬的機身上，其根部設有三角形的進氣口。主翼端設有固定式副油箱，滾轉（roll）性能因而獲得改善。開始配備於美國海軍的實戰部隊是在1949年5月8日，翌年被派至爆發戰爭的韓國，在這場戰爭裡成為用途廣泛的美國海軍噴射戰鬥機。

得知後掠翼能提升噴射戰鬥機的性能，海軍立刻在1951年3月指示開發黑豹式的後掠翼型，格魯曼公司按照要求製造了XF9F-6原型機，於1951年9月20日進行首飛。量產型的機體名稱雖然還是F9F，暱稱則重新取名為**美洲豹式**（Cougar），這跟美國空軍F-84雷霆式和雷電式的關係一樣。美洲豹式的機翼後掠角為35度，相對於黑豹式採用普通型副翼控制滾轉，美洲豹式改採使用裝在主翼上擾流板（Spoiler）的方式。為了確保後掠翼也具有穩定低速飛行能力，加大主翼後緣的襟翼面積，並且增加了前緣縫翼，另外在主翼上安裝擋流板，以便高速飛行時控制主翼周圍的氣流。主翼以外的基本部分與黑豹式相同，發動機為普惠J48（32.0kN）。該美洲豹

式配備於實戰部隊是在1952年11月，卻趕不及參加韓戰，另一方面，1959年從第一線部隊退役下來，因此也未在越戰中使用。僅有雙座型在越戰中，作為指示攻擊目標等的空中管制機使用。

美國頂尖艦載戰鬥機製造商－格魯曼公司，第一架噴射戰鬥機為平直翼的F9F黑豹式。圖中是F9F-2。主要諸元（F9F-5）：翼展11.58公尺、機長11.84公尺、機高3.73公尺、翼面積23.2平方公尺、空重4,603公斤、最大起飛重量8,492公斤、動力：普惠J48-P-6A（27.8kN）×1、最大時速932公里、實用升限13,045公尺、航續距離2,092公里、乘員1名。　　　　　　　　　　　　　（圖片提供：美國海軍）

●**F9F-2**：最初的量產型，裝備了J42發動機。武器裝備4門20公釐機關砲。

●**F9F-2B**：可在F9F-2主翼下掛載火箭彈與炸彈這類對地攻擊武器的戰鬥轟炸機型。

●**F9F-2P**：F9F-2的無武裝偵察型。

●**F9F-3**：由於J42發動機可靠性低，發動機改裝J33-A-8的機型。

●**F9F-4**：增長F9F-3的前部機身、增加燃料搭載量，發動機換裝增強型J33-A-16（30.9kN）的機型。

●**F9F-5**：將F9F-4的發動機，換裝成勞斯萊斯泰伊（Rolls Royce. Tay）授權生產版J48-P-6A（27.8kN）的機型。

●**F9F-5P**：F9F-5的無武裝偵察型。

●**F9F-5K**：將退役的F9F-5作成無人靶機的機型。

●**F9F-5KD**：F9F-5改造成靶機管制機的機型。

●**F9F-6**（後改稱為**F-9F**）：後掠翼型美洲豹式的最初量產型。

●**F9F-6P**：F9F-6的偵察型。

●**F9F-6D**（後改稱為**DF-9F**）：F9F改造成靶機管制機的機型。

●**F9F-6PD**（後改稱為**DF-9F**）：F9F-6P改造成靶機管制機的機型。

●**F9F-6K**（後改稱為**QF-9F**）：已退役F9F-6的無人靶機型。

●**F9F-6K2**（後改稱為**QF-9G**）：F9F-6K的改良型。

●**F9F-7**（後改稱為**F-9H**）：裝備艾利遜J33發動機的機型。

●**F9F-8**（後改稱為**F-9J**）：：F9F-6的機身加長型，主翼也大型化。

●**F9F-8P**（後改稱為**RF-9J**）：F9F-8的偵察型。

●**F9F-8T**（後改稱為**TF-9J**）：以F9F-8為基礎的雙座教練型。

●**YF9F-9**：YF11F-1虎式的初始名稱。1954年7月30日首度飛行，1955年4月名字變更為YF11F-1。

　黑豹式／美洲豹式為滿足美國海軍／海軍陸戰隊需求所生產的機種，所以基本上不進行外銷。但是後來兩機種的中古機遞交於阿根廷海軍，成為F9F系列唯一的海外運用國。只不過黑豹式方面，24架的前美國海軍機正式成為了外銷機，美洲豹式方面因為政府部門不同交付了2架。關於這些戰機，由於美國拒絕提供受領之後的備用零件等，呈現無法運用的狀態。

F9F在F9F-6以後也引進後掠翼，暱稱也改為美洲豹式。圖中為進行編隊飛行的F9F-8。主要諸元（F9F-8）：翼展10.52公尺、機長12.85公尺、機高3.73公尺、翼面積31.3平方公尺、空重5,382公斤、最大起飛重量11,232公斤、動力：普惠J48-P-8A（32.3kN）×1、最大時速1,041公里、實用升限12,950公尺、航續距離1,944公里、乘員1名。
（圖片提供：美國海軍）

　　前蘇聯也在第二次世界大戰結束後立即加快噴射戰鬥機的開發，米格・古列維奇設計局先是開發MiG-9「Fargo」，於1946年4月24日進行首飛，由蘇聯空軍採用。然而，該機種本身問題多，評價不怎麼好。另一方面，蘇聯也從德國取得後掠翼的研究資料，米格設計局協力製造了一架裝置具後掠角的主翼，稱為I-310的原型機。該I-310裝備勞斯萊斯尼恩1型發動機，於1947年12月30日進行首次飛行。接著與拉沃契金（Lavochkin）La-168的審查評估結果，決定以**MiG-15**作為蘇聯空軍型進行量產，量產型剛好在I-310首航一年後的1948年12月30日進行第一次試飛。北約組織以「**柴捆**」（一捆草的意思）命名，作為這架戰鬥機的代號。

　　MiG-15將後掠角為35度的主翼，採中單翼配置在圓桶形的機身上。垂直安定面和水平安定面也採用小後掠角，水平安定面安裝在垂直安定面中央更上方的位置。動力方面，初期生產型使用仿製尼恩（Nene）版本的克里莫夫（Klimov）D-45F渦輪噴射發動機（22.2kN），後來的改良型換裝成克里莫夫VK-1A渦輪噴射發動機（26.4kN）。

　　見於MiG-15於 1949年初開始在蘇聯空軍服役，還外銷至共產圈的多數國家，成為共產圈各國最初的共通噴射戰鬥機。1950年也開始交付中國，這批戰機被投入韓戰，性能凌駕在盟軍的活塞引擎戰鬥機與平直翼噴射戰鬥機之上。但是當美國投入後掠翼戰鬥機F-86，MiG-15立刻失去壓倒性優勢，儘管如此，據說必須由受過高度訓練的駕駛員操控F-86，才能與MiG-15相抗衡。MiG-15除了蘇聯，也在捷克斯洛伐克（現捷克）、波蘭、中國進行授權生產。

另外，也製造了與 MiG-15 相同的機體構造，將主翼的後掠角在靠近機身的位置設為 45 度、外翼部分設為 42 度，翼刀（wing fence）從兩片增加到三片的改良型，該型號作為 MiG-17「壁畫」（Fresco）被量產化。

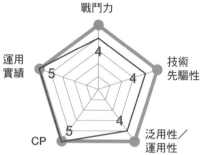

代表前蘇聯的第一代噴射戰鬥機－米格 MiG-15「柴捆」（Fagot）。圖中是美國空軍俘虜的 MiG-15bis。主要諸元（MiG-15bis）：翼展 10.36 公尺、機長 10.38 公尺、機高 3.37 公尺、翼面積 20.6 平方公尺、空重 3,681 公斤、最大起飛重量 5,574 公斤、動力：克里莫夫 VK-1A（26.4kN）×1、最大時速 1,075 公里、實用升限 15,500 公里、航續距離 1,920 公里、乘員 1 名。　　　　　　　　　　　　（圖片提供：美國空軍）

● MiG-15：最初的量產型。

● MiG-15P：MiG-15裝備了雷達的全天候作戰機型。

● MiG-15SB：MiG-15的戰鬥轟炸機型，單側翼下增加兩處外掛點。

● MiG-15T：MiG-15的拖靶機型。

● MiG-15bis：MiG-15的改良型，裝備VK-1發動機。更換氣閘的位置。

● MiG-15bisS：MiG-15bis的偵察型，機腹下方備有相機艙。

● MiG-15bisT：MiG-15bis的拖靶機型。

● MiG-15UTI：雙座、設有雙操控設備的教練型。雖以MiG-15與MiG-15bis這兩種機型建造，並沒有區別。北約組織代號為「侏儒」（矮人的意思）。

● MiG-15SP-5：以MiG-15UTI為基礎，裝備綠寶石（lzumrud）雷達的全天候迎擊戰鬥機型。

● J-2（殲-2）：MiG-15 bis的中國製造型。

● JJ-2（殲教-2）：MiG-15UTI的中國製造型。

● Lim-1：MiG-15在波蘭授權生產的機型。

● Lim-1A：Lim-1的照相偵察型。

● Lim-2：MiG-15 bis在波蘭授權生產的機型。。

● Lim-2R：Lim-2的照相偵察型。

● SB Lim-1：將Lim-1製成與雙座MiG-15UTI同樣配備，裝備RD-45發動機的機型。

● SB Lim-2：將SB Lim-1的發動機換裝成VK-1的機型。

●**SB Lim-2A**：波蘭製的雙座偵察型，也被稱作 SB Lim-2Art。

●**S-102**：捷克斯洛伐克授權生產的 MiG-15。

●**S-103**：捷克斯洛伐克授權生產的 MiG-15bis。

●**CS-102**：捷克斯洛伐克授權生產的 MiG-15UTI。

　　MiG-15 除了前蘇聯以外，外銷到至少 38 個國家及地區，作為主力戰鬥機使用。該戰鬥機的成功，讓米格設計局鞏固了主力戰鬥機設計局的地位。

主翼、垂直安定面、水平安定面都有後掠角的 MiG-15，兼具卓越的運動性和高速性，投入韓戰與平直翼的美軍噴射戰鬥機對峙時，展現了它的優越性。美國空軍立即投入 F-86 作為對策，因而建立了噴射戰鬥機最初的對立關係。

（圖片提供：美國空軍）

霍克獵人式

第二次世界大戰中為滿足英國空軍需求，製造了颶風式（Hurricane）、颱風式（Typhoon）、暴風式（Tempest）戰鬥機的霍克（Hawker）公司，戰後首先開發了海軍取向的艦載噴射戰鬥機－海鷹式（Sea Hawk），於1947年9月2日進行首飛，獲得英國海軍採用。接著針對英國空軍1946年提出噴射戰鬥機的要求，以該海鷹式設計為基礎，試製了具35度後掠翼等等反映設計改良的P.1052。該機體於1948年首飛，並加以改良發展成P.1067。這架P.1067將原本的T字型尾翼變更成一般型，進氣口從機鼻移至主翼根部，變成可在機鼻搭載武器或雷達（沒有實際施行）。這架P.1067成為**獵人式**（Hunter）的原型，裝備勞斯萊斯艾方（Rolls-Royce Avon）103渦輪噴射發動機（28.9kN），於1951年7月20日進行首飛。實驗三號機則裝備了阿姆斯壯西德利的藍寶石（Armstrong Siddeley Sapphire）101（35.6kN）進行飛行。

英國空軍部於1950年3月首先訂購了艾方113（33.8kN）配備型作為量產機。接著也製造了少量藍寶石發動機的配備型，艾方系列成為獵人式的標準發動機。獵人式將上述具35度後掠角的主翼稍微往下折（下反角），中翼配置於幾近圓形剖面的機身上。武器配備4門30公釐機關砲且火力強大，又為了迅速補充彈藥或維修，將機關砲（砲身除外）和彈艙裝備在一個可卸式莢艙。因此該部分的機身為較大鼓起。獵人式雖然是高速戰鬥機，卻具有航續距離短的問題，初期型的獵人F.Mk1機內燃料只夠飛行一小時。為此以副油箱的搭載力為首，獵人式的能力提升，經常在延長航續距離的構想而行。而第一架原型機後來換裝勞斯萊斯艾方RA.7R加裝後燃器的渦

輪噴射發動機，於1953年9月創下速度記錄。不過附加後燃器的發動機未被引進量產型。

在英國初期噴射戰鬥機中最成功的霍克獵人式。圖中是印度空軍的獵人F.Mk56。主要諸元（獵人F.Mk6）：翼展10.25公尺、機長13.98公尺、機高4.02公尺、翼面積32.4平方公尺、空重6,404公斤、最大起飛重量10,796公斤、動力：勞斯萊斯艾方Mk207（45.1kN）×1、最大時速1,125公里、實用升限15,695公尺、戰鬥行動半徑370公里、乘員1名。　　　　　　　　　　　　　　　　　（圖片提供：印度空軍）

● 獵人 F.Mk1：最初的量產型，裝備了艾方113發動機。

● 獵人 F.Mk2：與F.Mk1相似，發動機裝備藍寶石101的機型。

● 獵人 F.Mk3：換裝附加後燃器的艾方RA.7A發動機，第一架原型機被命名的名稱。

● 獵人 F.Mk4：發動機為艾方115／121，機內燃料裝載量增加的機型。後期生產型翼下設有四處掛載點，可裝載火箭彈等等。

● 獵人 F.Mk5：與F.Mk4相似，發動機裝備藍寶石101的機型。

● 獵人 F.Mk6：以F.Mk4為基礎，增加機內燃料裝載量，裝備艾方203／207發動機的機型。主翼前緣裝有用來提升運動性具高度差的缺口（稱為「犬齒」）。

● 獵人 T.Mk7：駕駛座為並排雙座的教練型。

● 獵人 T.Mk8：英國海軍取向的雙座教練型。

● 獵人 FGA.Mk9：裝備艾方207發動機，強化了機體各部，也在近接空中支援（對地攻擊）任務上使用的機型，增加了副油箱與武器的搭載量。

● 獵人 FR.Mk10：FGA.Mk9的偵察型。

● 獵人 GA.Mk11：英國海軍取向的單座攻擊教練機型。

● 獵人 PR.Mk11：英國海軍取向FR.Mk10的機型。

　　獵人式作為英製噴射戰鬥機相當成功的機種，包含接收中古機的國家在內，F.Mk4、F.Mk6、T.Mk7、FGA.Mk9在英國以外的21個國家使用。這些飛機的製造編號從50系列到80系列，下一行為國別號。這些出口型基本上與英國空軍型相同配備。自1954年起開始在英國空軍配備部隊，閃電式戰鬥機（參看90頁）被實用化後，立

刻於1963年卸下第一線戰鬥機的任務，而近接空中支援型的FGA.
Mk9，則在第一線部隊服役到1971年為止。

獵人式被外銷至眾多國家，還有一部分進行授權生產。圖中是在比利時空軍希埃爾
夫（Chièvres）基地列隊的F.Mk4，隸屬比利時空軍第7航空師第7飛行中隊。圖中
排列的都是在福克飛機公司（Fokker）製造的機體。　　　（圖片提供：比利時空軍）

第二次世界大戰結束後法國復興航空機產業，達梭公司於1949年2月28日使飆風式（Ouragan）的原型機進行首飛，該機成為法國第一架實用噴射戰鬥機。飆風式的主翼帶有些微後掠角，但幾乎就像平直機翼。儘管如此，法國空軍外也有以色列等國採用，抓到成功訣竅的達梭公司，繼續研發性能更佳的後掠翼戰鬥機。於是完成了神祕（Mystere）Ⅰ式，原型機基於飆風式的機體設計，做成後掠角為30度的後掠翼。該原型機裝備依斯帕諾‧絮扎（Hispano-Suiza）授權生產的勞斯萊斯泰伊250渦輪噴射發動機（推力28.0kN），於1951年2月23日進行首次飛行。

接著製造了裝備同系列發動機神祕Ⅱ式A型與Ⅱ式B型的原型機，成為前量產型的神祕Ⅱ式C型，發動機換裝斯奈克馬（SENCMA）阿塔（Atar）101C渦輪噴射發動機（推力24.5kN），法國空軍將1954年6月首飛的該機型作為量產型裝備。至於量產型，發動機換裝了增強型的阿塔101D（29.4kN）。神祕式的機體構造，在桶狀機身的機鼻部分設有進氣口，主翼採低單翼配置，廢除了飆風式翼端裝備的副油箱。神祕Ⅱ式性能提升的先進型為神祕Ⅳ式，原型機於1952年9月28日進行首次飛行，1953年起開始在法國空軍服役。神祕Ⅳ式的主翼後掠角增加為38度。

使神祕式發展成真正的超音速戰鬥轟炸機，為超級神祕式（Super Mystere）。主翼後掠角取角度更大的45度，同時機翼變得更輕薄，動力方面使用附加後燃機的渦輪噴射發動機。該原型機於1955年3月2日進行首飛，隔天以平飛速度達成超音速飛行。神祕式、超級神祕式都有外銷出口，特別是外銷到印度的印度與巴基斯坦戰爭的

神祕式，以及外銷到以色列的第三次中東戰爭（六日戰爭）與第四次中東戰爭（贖罪日戰爭）的超級神祕式，被投入眾多的實戰活動中。

戰鬥力 3

技術先驅性 4

泛用性／運用性 3

CP 4

運用實績 3

達梭公司第一架真正的後掠翼噴射戰鬥機為神祕式，圖中是最終發展型神祕Ⅳ式A型。主要諸元（神祕Ⅳ式A型）：翼展 11.12 公尺、機長 12.85 公尺、機高 4.60 公尺、翼面積 32.0 平方公尺、空重 5,870 公斤、最大起飛重量 9,500 公斤、動力：依斯帕諾絮扎韋爾東（Hispano-Suiza Verdon）350（34.3kN）×1、最大時速 990 公里、實用升限 15,000 公尺、航續距離 915 公里、乘員 1 名。（圖片提供：法國空軍）

● 神祕 ⅡC：最初的量產型，除了裝備2門30公釐機關砲，還可裝載900公斤炸彈類的機型。

● 神祕 ⅣA：性能提升發展型。原本還計劃發展裝備艾方以及阿塔101發動機的B型，因繼續開發超級神祕式而中止了計劃。

● 神祕 ⅣN：裝備AN／APG-33雷達的雙座戰鬥機型，試製了一架原型機，但未進行量產。

● 超級神祕 B.1：超級神祕式的原型機，裝備艾方RA.7R發動機。

● 超級神祕 B.2：超級神祕式的量產型，發動機換裝成阿塔101G。

● 超級神祕 B.4：主翼後掠角增加為48度，計劃裝備推力更強大的阿塔9B機型，因決定開發神祕Ⅲ式（參看82頁）而未進行製造。

為神祕式的衍生型，可以超音速飛行的超級神祕式B.2型。主要諸元（超級神祕式B.2型）：翼展10.52公尺、機長14.13公尺、機高4.55公尺、翼面積35.0平方公尺、空重6,932公斤、最大起飛重量10,000公斤、動力：斯奈克馬的阿塔101G-2／-3（後燃器開啟時推力43.7kN）×1、最大時速1,195公里、實用升限17,000公尺、航續距離870公里、乘員1名。

（圖片提供：以色列國防部）

第 **2** 章
雷達與超音速

噴射戰鬥機突破音障，從音速躍升到超音速的世界，是在1950年代到1960年代。第二章將要驗證在這個時代登場，與日本關係匪淺的F-104星式戰鬥機，或是今日仍然在發展中國家被運用的MiG-21「魚床」等往年名機的實力。

　　第二次世界大戰期間的德國，關於噴射戰鬥機進行的研究中，有一項是主翼設計成三角形、尾翼只剩垂直安定面的無尾三角翼的機體結構。戰後各國仍繼續這方面的研究，誕生了好幾架實用戰鬥機。該機體結構的最大特徵在於，即使在接近音速的高速，飛行特性也不會產生變化，又因機身與主翼根部的接合處較長能增加構造強度等，適合超音速飛行這方面。加上主翼面積變大，能在廣大的速度範圍發揮優異的運動性。

　　美國海軍注意到這種三角翼的特徵，於1948年12月與進行該種航空機設計的道格拉斯公司，簽訂製造原型機XF4D-1的合約。第一架原型機配備艾利遜（Allison）J35-A-17型渦輪噴射發動機（22.2kN），於1951年1月23日第一次試飛。原本預定使用西屋（Westinghouse）J40型，卻因發動機的開發來不及，便以替代發動機飛行。J40型發動機在開發上問題層出不窮，結果開發計劃被中止，**F4D**的量產型雖然大型但使用了普惠（P&W）公司大推力的J57-P8B型。該發動機附有後燃器，使用後燃器時最大推力可到64.5kN。操縱舵方面，由於沒有水平安定面，在幾乎整個主翼的後緣上裝置兼具補助翼與升降舵角色的「升降舵輔助翼」（elevon）。

　　量產型F4D-1的首飛在1954年6月5日，1956年4月起開始配備美國海軍部隊。於是乎F4D成為美國最初的實用無尾三角翼戰鬥機，而且對美國海軍來說，成為記錄上第一架的超音速戰鬥機。F4D的最大特徵在於大角度時的卓越爬升率，以2分36秒升到15,000公尺創下當時的世界記錄。在實際運用層面上，同樣可在接到攻擊指令的五分鐘內，攔截飛行在15,240公尺高度的目標。武裝

方面，除了裝備4門20公釐機關砲，機腹以及主翼下還有六處掛載點，最多能搭載1,814公斤的火箭彈或炸彈。

美國第一架實用化的無尾三角翼噴射戰鬥機－道格拉斯F4D Skyray。圖中為F4D-1。主要諸元（F4D-1）：翼展10.21公尺、機長13.93公尺、機高3.96公尺、翼面積51.8平方公尺、空重7,268公斤、最大起飛重量11,340公斤、動力：普惠J57-P-8（64.5kN）×1、最大時速1,118公里、實用升限16,765公尺、航續距離1,931公里、乘員1名。（圖片提供：美國海軍）

- **F4D-1**：量產型，Skyray 只有該機型被量產。1962年9月美軍機進行名稱統一，名稱更改為 F-6A。機鼻裝備 AN／APG-50A 雷達。

- **F4D-2**：發動機計劃裝備增強型的 J57-P-14 發動機，也訂購了量產型，卻在製造前取消。

- **F4D-2N**：計劃裝備雷達、具有全天候作戰能力的機種，被製造成為 F5D Skylancer。

- **F5D**：在 F4D 裝備雙重掃瞄器型雷達，為具備運用響尾蛇式（Sidewinder）、麻雀式（Sparrow）空對空飛彈能力的真正全天候作戰機型，原型機雖在1956年4月21日進行首飛，由於已經採用沃特（Vought）F8U（參看66頁）所以未進行量產。

F4D-1如前文所述，在1956年4月16日開始配備於美國海軍的作戰部隊，1957年也開始在海軍陸戰隊配備部隊。首飛過後快二年的時間才配備美國海軍部隊，那是因為飛行試驗上發動機等方面發生了問題。不過進入實用後，全盛時期有11支海軍中隊、8支海軍陸戰隊中隊、3支海軍預備役中隊進行運用。另外，美國海軍第3全天候作戰中隊（VFAW-3），作為唯一被納入北美大陸防空組織的北美防空司令部（NORAD）的海軍部隊從事防衛活動。

Skyray雖然是高性能戰鬥機，體型在航空母艦運用上卻太大，且系統又複雜運用上屬於相當麻煩的機種。加上那段時期，也是航空機本身與雷達等電子裝置開發和進展顯著的時期，所以服役期較為短暫。進入1960年代後慢慢退役，從最後第一線部隊（海軍陸戰隊的飛行中隊）完全退出，是在1964年2月。服役期間剛好是正式參

與韓戰與越戰之間的重疊期，Skyray 一次也沒投入實戰便結束其役期。

F4D Skyray 有11支美國海軍中隊、8支海軍陸戰隊中隊進行裝備，預備役部隊也有3支中隊運用該機型。圖中的F4D-1 在右翼外側下裝備AIM-9B 響尾蛇式空對空飛彈，左翼下的副油箱則裝置了前端可接受空中加油的細長探針。

（圖片提供：美國海軍）

　　麥克唐納在1946年針對護航轟炸機的渦輪噴射長程戰鬥機提出XF-88的方案,原型機於1948年10月20日進行首飛,審查評估後獲得採用。然而在韓戰得知蘇聯噴射機進步的程度後,研判需要更高性能的戰鬥機便從新審視計劃,大幅度改良XF-88,重新命名為F-101。

　　F-101與XF-88相比體型大幅大型化,搭載兩具普惠(P&W)公司的J57型渦輪噴射發動機(後燃器開啟時推力75.1kN),機內的燃料容量增加為3倍。設在主翼根部機身兩側的進氣口也加大開口部分,使大量空氣在高速飛行時也能流進發動機。另一方面,為了降低阻力機體形狀變得更精簡,為了盡量減輕體型變大後增加的重量各處採用輕量化的構造。再者,為了避免飛行時機頭抬高(稱做上仰),水平安定面配置在尾翼上部採T字型佈局。飛彈等的武裝類以埋入方式置於前方機身下,而中央機身下可配置炸彈或副油箱。機鼻裝備了MA-7型火控雷達。

　　F-101的原型機於1954年9月29日進行首飛,然而這時期美國空軍開發了遠程轟炸機B-52,戰略航空軍團判斷裝備護航該機的遠程戰鬥機必要性已經減弱。另一方面,由於戰術航空軍團認為F-101可轉為搭載核炸彈的戰鬥轟炸機使用,不同於原本計劃、用作他途的F-101於是在美國空軍服役。結果F-101具備裝載一枚Mk28核彈能力,並進行MA-2低高度轟炸系統(LABS)的裝備。

　　因攔截機開發上的延遲,F-101也能在這項任務使用。麥克唐納向空軍提案F-109作為F-101的改良型,以F-101B獲得採用。該機型攜帶6枚空對空飛彈、機鼻裝備MG-13攔截用火控雷達,也增加

了具有攜帶網路防空系統的半自動地面防空警戒管制系統（SAGE）
的能力。

作為超音速雙引擎攔截戰鬥機被開發的麥克唐納F-101巫毒式。圖中為F-101A。主
要諸元（F-101B）：翼展12.09公尺、機長20.54公尺、機高5.49公尺、翼面積34.2
平方公尺、空重13,141公斤、最大起飛重量23,768公斤、動力：普惠J57-P-55
（後燃器開啟時推力75.1kN）×2、最大速度馬赫1.85、實用升限16,705公尺、航
續距離2,494公里、乘員2名。　　　　　　　　　　　　　　（圖片提供：美國空軍）

●F-101A：最初的量產型，被製造成單座戰鬥轟炸機，也具有裝載核彈的能力。

●RF-101A：基於F-101A製造成最多裝載六台照相機的偵察型。

●F-101B：雙座的全天候長程攔截機型，前座坐駕駛員，後座坐雷達操作員。也具有空中加油機能。除了隼式（Palcon）空對空飛彈，還可攜帶裝備核彈的精靈（Genie）空對空火箭彈。

●CF-101B：加拿大空軍取向的F-101B。

●EF-101B：F-101B修改成雷達靶機的機種。

●RF-101B：F-101B修改成偵察機的機種。

●TF-101B：使用F-101B的機體架構，備有雙重操縱設備的教練型。

●F-101C：F-101A衍生而來的戰鬥轟炸機型，強化了機體結構。

●RF-101C：F-101C的偵察型。

●F-101D、F-101E：發動機裝備J79的機型，只限於紙上計畫。

●F-101F：F-101B空中加油裝置安裝後的改造名稱，還加裝了紅外線搜索追蹤系統等等。

●CF-101F：加拿大空軍取向TF-101B的名稱。

●TF-101F：在TF-101B進行與F-101F相同修改的機種名稱。

●RF-101G：從第一線部隊退役下來的F-101A，在國民警衛航空隊作為偵察機運用的機種名稱。

●RF-101H：從第一線部隊退役下來的F-101C，在國民警衛航空隊作為偵察機運用的機種名稱。

F-101首先作為戰鬥轟炸機，從1957年5月起開始配備美國空

軍，攔截戰鬥機型的F-101B也在1959年1月開始服役。常期在美國空軍服役的F-101B，1972年從第一線部隊退役下來，在國民警衛航空隊則是待到1983年才退役。唯一出口國的加拿大，1961年接收首批的機體，持續配備到1984年為止。而美國空軍剩餘的部分機體，則是作為攔截機交付於台灣空軍。

F-101因雙座F-101B的完成，達成了真正的長程攔截戰鬥機的任務。該機型可運用附核彈頭的AIR-2A 精靈空對空火箭彈，被考慮用在闖入敵方轟炸機編隊以破壞編隊全體。　　　　　　　　　　　　　　（圖片提供：美國空軍）

　　洛克希德公司（Lockheed Corporation）的總工程師凱利・強森（Clarence L. Kelly Johnson）1952年想設計優於在韓戰登場共產軍的任何一種戰鬥機，便著手設計體型小巧簡單同時具備卓越高速性、以及高運動性的戰鬥機。其他公司雖然提出相同的戰鬥機方案，由於強森的設計出眾，美國空軍於1953年3月與洛克希德公司簽訂了製造XF-104原型機的合約。動力方面原本預定使用通用電機公司（GE）的J79附後燃器渦輪噴射發動機，由於開發上來不及，原型機XF-104則裝備萊特（Wright）公司的J65（後燃器開啟時推達45.3kN），於1954年3月4日進行首飛。裝備J79的前量產型YF-104A首飛是在1956年2月17日。

　　F-104將翼展短面積小的主翼，略帶下反角置於引擊恰好被機身包圍的細長機身中部。因小型機體搭配輕薄機翼的組合，以致機內的燃料裝載空間小，為此可在翼端裝備副油箱。駕駛艙幾乎位在細長機身的最前端，發動機的進氣口配置在主翼根部，為了控制超音速飛行時產生的激波（Shock Wave），裝置了稱為「激波錐」的半圓錐。尾翼為T字形，這種機體結構成為史無前例的新設計，加上外形看似火箭，甚至有「最後的有人飛彈」暱稱。

　　F-104在1958年達到實用配備階段，然而這時期美國空軍卻對這種戰鬥機失去興趣，結果引進機數被大幅削減。另一方面，洛克希德公司也在外銷上努力，首先是北約組織各國決定引進用在防空與戰鬥轟炸任務。再來日本也決定裝備為航空自衛隊的新型戰鬥機。結果加拿大、義大利、荷蘭、西德（當時）、比利時、甚至日本都進行製造，總生產數達2,578架。美國空軍機被投入越戰，雖然達

成制空作戰與航空支援任務，空中對戰卻幾乎沒有戰果。台灣與巴基斯坦的F-104也有加入實戰的實績。

細長如火箭的機體結構及其高速性，洛克希德F-104星式戰鬥機因而被稱作「最後的有人飛彈」。圖中為F-104A型。主要諸元（F-104A型）：翼展6.68公尺、機長16.69公尺、機高4.11公尺、翼面積18.2平方公尺、空重5,003公斤、最大起飛重量10,267公斤、動力：通用電機（GE）J79-GE-3A（後燃器開啟時推力65.8kN）×1、最大時速2,130公里、實用升限16,825公尺、戰鬥行動半徑648公里、乘員1名。　　　　　　　　　　　　　　　　　　　　（圖片提供：美國空軍）

- **F-104A**：最初的量產型。
- **NF-104A**：改裝成訓練美國太空人使用的機種，加裝了27kN的 LR121／AR-2-NA-1火箭發動機。
- **QF-104A**：F-104A改造成的無人靶機。
- **F-104B**：F-104A改造成的雙座教練機型。
- **F-104C**：美國空軍取向的戰鬥轟炸機型，可以搭載Mk28及一枚 Mk43核彈。
- **F-104D**：F-104C的雙座教練型。
- **F-104DJ**：F-104J的雙座教練型。
- **F-104F**：基於F-104D的雙座教練型，裝備與F-104G相同的發動機。
- **F-104G**：北約盟軍取向的單座戰鬥轟炸機，裝備了J79-GE-11A（後燃器開啟時推力69.3kN）。
- **RF-104G**：基於F-104G的偵察型。
- **TF-104G**：F-104G的雙座教練型。
- **F-104J**：航空自衛隊取向的單座攔截機型。
- **F-104N**：美國航太總署（NASA）使用的高速伴隨護航機，由 F-104G改造了3架。
- **F-104S**：義大利空軍取向的攔截戰鬥機型，火控雷達換裝 NASARR R-21G／H，具有攜帶AIM-7麻雀式（Sparrow）空對空飛彈全天候作戰能力。為此有必要加裝電子裝置，因而拆除了機內的20公釐機關砲。動力方面，裝備了後燃器開啟時推力79.6kN的J79-GE-19發動機。

●**F-104S-ASA**：改進了F-104S的雷達與電腦等設備，並進行壽限延長的現代化改良型。

●**F-104S-ASA／M**：F-104S-ASA的改良型，導航系統等作現代化的機型。

●**CF-104**：加拿大製造成加拿大空軍取向的單座型。

●**CF-104D**：加拿大製造的雙座教練型。

　　F-104在美國空軍的服役期較為短暫，從第一線退役下來是在1969年，1975年也從國民警衛航空隊退役。另一方面許多國家長期使用，尤其在進行了現代化改良的義大利空軍運用到2004年12月為止。

F-104也製造了雙座教練型，以美國空軍為首在裝備F-104的各國被運用。圖中為美國空軍的F-104D，成為航空自衛隊保有雙座型F-104DJ的基礎型。右側主翼下裝載收納前方紅外線監視器的莢艙。　　　　　　　（圖片提供：美國空軍）

沃特F-8十字軍式

針對美國海軍在1952年9月發布超音速艦載戰鬥機的要求，各製造商提出八種機體方案，美國海軍於1953年5月採用沃特（Vought）公司的V-383設計案，簽訂了製造XF8U-1原型機的合約。該戰鬥機的要求，除了須顯示最大速度馬赫1.2與爬升率每秒127公里等性能，加上從韓戰得到教訓12.7公釐機關槍已經沒有作用，因而要求裝備20公釐機關砲。XF8U-1的原型機，裝備後燃器開啟時最大推力65.8kN由普惠（P&W）公司製的J57-P-11渦輪噴射發動機，於1955年3月25日第一次飛行，最初的量產型F8U-1於1957年3月開始配備部隊。至於**F8U**的名字，在1962年9月變更為F-8。

F8U為體型較大的單引擎戰鬥機，主翼採高單翼、水平安定面採低翼配置的機體結構。發動機的進氣口位在機鼻，其上方裝有收納雷達天線的大型雷達罩。主翼構造為該機最大特徵，起降（在航空母艦上）時，為了產生更大的上揚力，盡量不改變機體姿勢、增大機翼方向跟空氣流向之夾角的攻角，盡可能地變更機翼的安裝角度。因此起降時，主翼前方會抬高7度。攻角變大雖然方便駕駛員抬高機鼻，然而機鼻抬高後下方視野會變差，特別是降落在航艦上時會增加危險度，才決定引進該機體結構。

一般認為十字軍式（Crusader）的操作較為容易，不過降落在航艦上時機鼻容易有搖晃的毛病。所以初期運用發生意外的機率高，而降低了評價。另一方面，在越戰投入許多的空對空作戰任務，成為了首度擊落北越軍機的美國海軍戰鬥機，空中對戰的戰果為擊落的19架比上僅被擊落的3架，寫下19：3的記錄，這是越戰期間美

軍所有戰鬥機中最優異的記錄。十字軍式也在法國海軍作為艦載機被引進，還將美國海軍的中古機遞交給菲律賓空軍。

作為美國海軍超音速艦載機被開發出來的沃特F-8十字軍式。圖中為F-8E的增強改良型F-8J。主要諸元（F-8E）：翼展10.72公尺、機長16.61公尺、機高4.80公尺、翼面積34.0平方公尺、空重7,043公斤、最大起飛重量15,422公斤、動力：普惠J57-P-20A（80.0kN）×1、最大速度馬赫1.8、實用升限17,680公尺、航續距離1,609公里、乘員1名。
（圖片提供：美國空軍）

- **F8U-1**（後改稱為 **F-8A**）：最初的量產型，裝備 AN／APG-30雷達。

- **YF8U-1E**（後改稱為 **YF-8B**）：為了作成 F8U-1E 的原型機由 F8U 改造後的名稱。

- **F8U-1E**（後改稱為 **F-8B**）：雷達換裝 AN／APS-67，獲得部分全天候作戰能力的機型。

- **F8U-1T**（後改稱為 **TF-8A**）：基於 F8U-2NE 的雙座教練型，機身增長61公分。

- **F8U-2**（後改稱為 **F-8C**）：換裝後燃器開啟時最大推力為75.1kN 的 J57-P-6 型發動機的機型，同時在後方機身下裝置安定片以改善穩定性。也可在前方機身側邊裝備 AIM-9 響尾蛇式（Sidewinder）飛彈。

- **F8U-2N**（後改稱為 **F-8D**）：換裝後燃器開啟時最大推力為80.0kN 的 J57-P-20 型發動機，配備自動降落定速系統的機型。

- **F8U-2NE**（後改稱為 **F-8E**）：換裝 AN／APQ-94 型雷達的機型，機鼻天線罩因此稍微變長。追加 AGM-12 型犢牛式（Bullpup）空對地飛彈的運用能力，機外最大搭載量增至2,270公斤。

- **F-8E（FN）**：法國海軍取向的制空戰鬥機型，主翼前緣的縫翼和後緣的襟翼增大下反角，使主翼能夠產生巨大的上揚力。

- **F-8H**：F-8D 的改良型，降落架等進行了的強化。

- **F-8J**：對 F-8E 做了與 F-8H 相同改良的機種。

- **F-8K**：在 F-8C 引進犢牛式空對地飛彈的運用能力，同時發動機換裝 J57-P-20 型的改良型。

●**F-8L**：後來在F-8B主翼加裝掛載點的機型。

●**F-8P**：F-8E（FN）作了壽限延長後的名稱。

●**F8U-1KU**（後改稱為**QF-8A**）：將F-8A改成無人靶機的機型。

●**F8U-1P**（後改稱為**RF-8A**）：基於F8U-1E的非武裝偵察機。

●**RF-8G**：RF-8A做完現代化改良後的名稱。

●**XF8U-3十字軍Ⅲ**：裝備推力131.3kN的J75發動機的發展型，於 1958年6月2日進行首飛，卻未經採用。

F-8最大特徵之一，可藉由裝備可替換主翼裝置角的系統，提升起降時機翼產生的上揚力。圖中是準備降落在航艦上的RF-8A，機身中央看到的紅色部分是裝置角變更系統，目的是抬起中央機翼以增大裝置角度。　　　　　（圖片提供：美國空軍）

F-84F雷霆閃電式（Thunderstreak）雖然從1954年開始在美國空軍服役，美國共和（Republic）公司早在這之前就開始研究新的後繼機型。基於一具強大發動機的大型超音速戰鬥轟炸機，具備低空突入敵人陣地投下核彈的能力，美國空軍對該機體案高度關心，於1952年9月簽訂試製原型機的合約。共和公司的設計案預定裝備後燃器開啟時最大推力104.5kN普惠（P&W）公司製的J75型渦輪噴射發動機，但因發動機開發延遲，原型機YF-105A裝備66.7kN的J57型，於1955年10月22日進行首飛。儘管如此，那次試飛YF-105A仍創下最大速度馬赫1.2的記錄。

F-105 裝備體積大又有力的發動機，所以具有較大的機身，因此後掠角為45度的主翼採中單翼配置。進氣口位在主翼前緣的根部，呈現翼側往機身更前方突出的獨特造形。機鼻變成收有雷達的天線罩，自F-105D起開始裝置NASARR R-14A型的多模式雷達，武器系統則由AN／ASG-19 Thunderstick火控系統。機身有彈艙可以收納核炸彈等等，此外主翼和機身有五個掛載點，武器類最大載彈量重達6,350公斤，這是能和第二次世界大戰戰鬥機媲美的裝載能力。

F-105最初量產型F-105B於1958年5月開始在美國空軍的第一線部隊服役，初期發生許多問題曾經兩次遭到停飛處置。問題解決後，便於1964年投入越戰。尤其在1965年3月開始的「滾雷空中戰役」，大規模的F-105戰力進行對地攻擊。另一方面，F-105也曾被捲入與北越軍戰鬥機的空中對戰。F-105的設計和特性並不適合空中對戰，儘管如此還是創下擊落27.5架機的記錄。F-105投入的作戰任務大多相當危險，結果戰鬥中被擊落的機數高達320架。F-105

最後機體在1984年從美國空軍退役下來。

大型單引擎超音速戰鬥機－共和F-105雷公式。圖中為單座型的F-105D。主要諸元（F-105D）：翼展10.59公尺、機長19.61公尺、機高5.97公尺、翼面積35.8平方公尺、空重12,474公斤、最大起飛重量23,967公斤、動力：普惠J75-P-19W（後燃器開啟時推力108.9kN）×1、最大速度馬赫2.1、實用升限12,560公尺、戰鬥行動半徑1,252公里、乘員1名。　　　　　　　　　　　　　　　（圖片提供：美國空軍）

- **F-105B**：最初的量產型，裝備MA-8型火控系統，然而以此為首的電子裝置存在可信度極低的問題。
- **RF-105B**：F-105B的偵察型，作為試驗機只生產了三架JF-105B，並未進行量產。
- **F-105C**：作為雙座教練機所提案的機型，不過未經採用。
- **F-105D**：F-105B的改良型，裝備NASARR R-14A型雷達及AN／ASG-19型火控系統，取得全天候作戰能力。動力方面，換裝成後燃器開啟時最大推力109.0kN的J75-P-19W型。
- **RF-105D**：基於F-105D的偵察型，不過未進行製造。
- **F-105E**：延長F-105D機身的雙座教練機型，不過未進行製造。
- **F-105F**：與F-105E相同的雙座教練機型，增高了垂直安定面。用來訓練駕駛員的機型，越戰期間急迫需要高性能戰鬥轟炸機的美國空軍，也將F-105F投入實戰。
- **EF-105F**：F-105G（參看以下）的初期名稱。
- **F-105G**：基於F-105F，具備電波偵測系統裝置及攜帶反輻射飛彈的能力，是壓制敵國防空（SEAD）任務的專用機種，由F-105F改造而成。該機種被稱為「野鼬」（Wild Weasel）。

　　F-105完全沒有輸出國外，美國空軍是唯一的經營者。正好越戰期間，該種戰鬥轟炸機的必要性高，所以總共生產了833架，越戰中也曾被投入艱困的任務，包含意外在內，約半數飛機喪失在這場戰役。加上用途較為受限而有CP值不高的評價，結果大部分在1970年代從第一線部隊退役，少數被派到後備空軍及國民警衛兵的部隊。卻因此持續使用到1984年，成為同世代戰鬥機中最後退役的

機種。

以雙座的 F-105F 為基礎，改造成適用壓制敵國防空（SEAD）任務的 F-105G「野
鼬」。F-105G 在越戰中確立了 SEAD 任務，之後 F-4G、F-16C／D 成為後繼機型。
主翼下裝載為攻擊雷達陣地的反輻射飛彈 AGM-45 型百舌鳥（Shrike）（外側）及
AGM-78 型標準式（內側）。　　　　　　　　　　　　　（圖片提供：美國空軍）

　　採取中立政策的瑞典在防衛物資方面，基本上極力由自己國家開發，航空機也不例外。並且順應當時的時代，極力持續發展更嶄新的戰鬥機。按照1949年9月瑞典國防部對攔截機所提的要求，紳寶（SAAB）公司所開發的**紳寶35龍式**（Draken）也不例外。該戰鬥機被要求具備超音速飛行力和卓越的爬升率、水準之上的續航力、以及在結凍的小型飛機跑道上也可以運用的高短場起降性能等等。為了滿足這些要求，紳寶公司想出了雙三角翼的機體結構。基本上為無尾三角翼機，可在內外翼改變前緣後掠角。具體來說，內翼部的後掠角是適合高速飛行的80度角、外翼部縮成60度角，即使低速也能獲得良好飛行性能的形狀。

　　為了調查該新形狀的特性，紳寶公司首先生產約60%縮尺的模型原型機210，於1952年1月21日進行第一次試飛。試飛結果沒有什麼特別問題，於是國防部簽訂製造三架全尺寸的原型機，第一架原型機在1955年10月25日進行首飛。不過該原型機的發動機沒有加裝後燃器，無法超音速飛行。後燃器從第二架原型機開始引進。裝備一具由Svenska Flygmotor（瑞典航空公司）授權生產的勞斯萊斯艾方200 RM6B型渦輪噴射發動機。

　　龍式將上述大面積的雙三角機翼採中單翼配置，尾翼只有一片同樣是大面積的垂直安定面構成機體。由於主翼具有內翼部的後掠角，前緣根部延伸至駕駛艙位置，在該部分設有進氣口。機鼻裝備易立信（Ericsson）公司授權Thomson-CSF公司（現為泰利斯集團）生產的西諾瑞（Cyrano）雷達，配備了以此為中心的紳寶S6型火控系統。

量產型的龍式在1958年2月15日進行首飛，1960年3月在瑞典空軍服役。龍式雖然也作外銷出口，包含那些全機已從引進的各國退役下來。

使用雙三角翼這種新式機翼形狀的紳寶35龍式。圖中為瑞典空軍的J35A型。主要諸元（J35F）：翼展9.40公尺、機長15.35公尺、機高3.89公尺、翼面積49.2平方公尺、空重7,865公斤、最大起飛重量16,000公斤、動力：Svenska的RM6C（後燃器開啟時推力78.4kN）×1、最大速度馬赫2.0、實用升限20,000公尺、戰鬥行動半徑560公里、乘員1名。　　　　　　　　　　　（圖片提供：瑞典空軍）

- **J35A**：首批的量產型，66號機以後增加了後燃器推力尾部因而略微加長。初期的RM6B型後燃器開啟時最大推力為68.6kN。

- **J35B**：提升了雷達與瞄準系統機能的機型，另外設有可完全嵌入瑞典的STRIL60防空系統的裝置。

- **Sk35C**：雙座的教練機型，設計上盡可能減少修改部分，可依需求快速恢復成單座型。

- **J35D**：發動機裝備後燃器開啟時最大推力78.4kN的RM6C型的機型，進氣口也稍作大型化。電子裝置換裝成新型，彈射椅在速度0、高度0的狀態下也能射出，稱為「零零型」的彈射椅。

- **S35E**：偵察型，拆除機鼻的雷達與機關砲改裝偵察器材的機型。由J35D改造而成。

- **J35F**：搭載改良型電子裝置的戰鬥機型，空對空飛彈可搭載隼式（Falcon）飛彈取代響尾蛇式（Sidewinder）飛彈。也被稱作J35F-1。

- **J35F-2**：J35F的機鼻底下裝備紅外線搜索追蹤系統的機型。

- **J35J**：J35F-2做完現代化改良後的名稱，搭載新的電子裝置、延長服役壽限、增加空對空飛彈的搭載數等等。

- **J35H**：向瑞士空軍提案的機型，裝載佛蘭堤（Ferranti）公司製的AI23 AirPass雷達，由J35D改造了一架，但瑞士未採用。

- **J35XS**：芬蘭空軍裝備的J35F-2型，由芬蘭的瓦梅特公司（Valmet）製造。

- **J35BS／FS／CS**：將瑞典空軍所使用的J35B、F型、以及Sk35C賣給芬蘭空軍後的名稱。

●**J35Ö**：澳大利亞空軍取向的J35D，紳寶公司將瑞典空軍退役下來的J35D進行現代化改良和壽限延長，然後交付澳大利亞的機型。

●**F-35**：丹麥空軍J35F的名稱，也被稱作A35XD。

瑞典以外的國家也進行裝備龍式，其中澳大利亞空軍自龍式開始在瑞典空軍退役，立刻採購進行再生作業的J35D作為J35Ö（圖中）運用。目前已退役。

（圖片提供：澳大利亞空軍）

蘇聯（當時）使超音速戰鬥機 MiG-19「農夫」（Farmer）實用化後，緊接計劃馬赫 2 級攔截機的裝備。另一方面，米格設計局在 1954 年開始製造符合那般要求的實驗機 Ye-2，於 1955 年 2 月 14 日進行了首次試飛。該 Ye-2 為普通的後掠翼機，還同步製造了機翼做成三角機翼、保留水平安定面的 Ye-4，該機於同年的 6 月 16 日進行首飛。根據兩機種進行的飛行測試，發現三角翼戰鬥機具有較多優點便漸漸著重在這邊的開發，發展出 Ye-5、Ye-6。接著在 1958 年 12 月首飛的 Ye-6，成為 **MiG-21** 的完全原型機。這時期蘇聯國防部已經訂購了 30 架量產型，Ye-6 首次飛行後，量產型開始交付蘇聯空軍。北約代號為「**魚床**」（魚的睡床）。另外還有雙座教練機型的 MiG-21U 系列，該機種被命名的北約代號為「蒙古」（Mongol）。

MiG-21 將具有 57 度後掠角的三角形主翼，中翼配置在幾乎圓桶狀的機身。尾翼由垂直安定面和水平安定面組成，水平安定面也被安裝在略高於主翼的機身位置。而且，這個水平安定面全體為可動式。進氣口位在機鼻部分，當中裝有激波錐，激波錐內部可以搭載雷達。

MiG-21 作為使用容易兼高度可靠性的高性能戰鬥機完成，被外銷到東歐諸國及前蘇聯眾多同盟國家。再者，反覆改良所搭載電子裝置等許多新型化的部分，結果繼續製造到 1985 年為止，生產機數超過 11,000 架。因而成為東西冷戰時期代表東側的戰鬥機。目前仍有少數國家持續使用 MiG-21，為了日後繼續使用，也有進行換裝雷達等提升能力的國家。中國方面，根據設計圖製造殲擊 7 型（J-7），還製造了自行改良型。

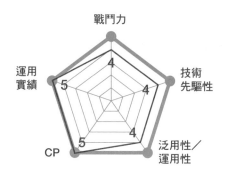

代表前蘇聯第Ⅱ世代戰鬥機的是米格MiG-21。圖中為MiG-21F-13「魚床C」。主要
諸元（MiG-21bis「魚床L」）：翼展7.15公尺、機長15.76公尺、機高4.13公尺、翼
面積23.0平方公尺、空重5,450公斤、最大起飛重量10,400公斤、動力：圖曼司基
（Tumanskly）R-25 300（後燃器開啟時推力69.6kN）×1、最大時速2,175公里、實
用升限17,500公尺、航續距離1,470公里、乘員1名。

（圖片提供：美國空軍）

　　MiG-21有非常多的衍生機種，礙於頁數的關係，在此就主要機型做介紹。

● **MiG-21F「魚床A」**：最初的量產型，武器只裝備機關砲的晝間戰鬥機型。

● **MiG-21F-12／F-13「魚床C」**：可以使用空對空飛彈的機型，F-13垂直安定面大型化的同時也拆除了機關砲。

● **MiG-21PF「魚床D」**：機鼻雷達換裝「自旋掃瞄幅射計」（Spin Scan）的全天候作戰機型，還製造了配備改良型襟翼與降落傘的PF-13。發動機裝備增強型的為PF-17，裝備性能更佳「Hight Fix」雷達的為PF-13。

● **MiG-21PFM「魚床F」**：改良操縱席，配備KM-1彈射椅的機型，MiG-21M、MiG-21S基本上是相同的機型。

● **MiG-21MF「魚床J」**：發動機裝備後燃器開啟時最大推力64.7kN的圖曼司基R-13-300型的多用途戰鬥機型，機鼻雷達為「慳鳥」（Jay Bird）。發動機保留R-11型的是MiG-21M及SM型。

● **MiG-21SMT「魚床K」**：計劃加大MiG-21MF機背突起、增加燃料裝載量等的機型。

● **MiG-21bis「魚床L」**：換裝新型電子裝置，可搭載新型R-60空對空飛彈的多用途戰鬥機型。

● **MiG-21bis「魚床N」**：與「魚床L」相同的機型，發動機裝備73.5kN的R-25-300型。

● **MiG-21U／UTI「蒙古A」**：以MiG-21F-13為基礎的雙座教練型。

● **MiG-21 US「蒙古B」**：「蒙古A」的襟翼改良型。

●**MiG-21 UM「蒙古B」**：MiG-21 MF的雙座教練型。

●**Lancer A／B／C**：羅馬尼亞空軍的能力提升改良型，Lancer A
裝備以色列製的EL／M-2001B型雷達等等，Lancer B為其雙座
型，Lancer C為換裝成多模式型的EL／M-2032型雷達的機型。

MiG-21長期進行製造，從晝間攔截機進化到多用途戰術機，交付給眾多前蘇聯同
盟國家，成為東側的標準戰鬥機。圖中是印度空軍的MiG-21bis「魚床L」，也在斯
坦（HAL）航空公司進行授權生產。印度空軍之後雖然引進各種新型戰鬥機，MiG-
21仍然被作為第一線戰機運用。　　　　　　　　　　（圖片提供：美國空軍）

原本開發及製造一般形態噴射戰鬥機的法國製造商達梭公司（Dassault），於1950年代前半開始研發無尾三角翼戰鬥機，1955年6月25日使MD550幻象Ⅰ進行首飛。雖然那是為了滿足法國空軍要求的小型超音速全天候攔截機所研發的機型，其衍體型的幻象Ⅱ（沒有完成）同樣被指摘體型過小等問題點。因此達梭公司保留無尾三角翼的基本結構，大幅更改設計後完成了**幻象Ⅲ**。該幻象Ⅲ的第一架原型機，裝備後燃器開啟時最大推力44.0kN斯奈克馬（SENCMA）的阿塔（Atar）101G1噴射發動機，於1956年11月17日進行第一次飛行。接著在首航的兩個月後，以馬赫1.52的超音速進行飛行。

幻象Ⅲ將後掠角為60度的主翼低翼配置於機身，尾翼只剩垂直安定面的無尾三角翼機。進氣口設在駕駛艙後方機身兩側的半圓體，其內部裝有激波錐。火控系統雷達收在機鼻內。另外，可在機身加裝輔助火箭，正常狀態下最大速度為馬赫1.8，使用該火箭後，前量產型的ⅢA型可以馬赫2.2速度進行平飛。於是幻象ⅢA，成為歐洲第一架速度超出馬赫2的實用戰鬥機。

幻象Ⅲ的量產型幻象ⅢC，從1961年7月起開始配備給法國空軍部隊。其高性能的表現受到高度肯定，被外銷到許多國家，獲得達梭＝三角翼戰鬥機的評價。以色列空軍在第三次中東戰爭（六日戰爭）投入幻象Ⅲ，擊落多數埃及、約旦、敘利亞的戰鬥機取得壓倒性勝利。另一方面，幻象Ⅲ當時的高級電子裝置在沙漠地區的實戰環境經常發生故障，以色列因而要求開發幻象Ⅲ的簡單型。在此條件下製造了幻象5，後來因法國對以色列的政策改變而未將幻象5交

付以色列。幻象5的發動機換裝成能力提升型的為幻象50，被作為
外銷專用機製造。

澳大利亞空軍的單座型達梭幻象ⅢO（Ｆ）（後方）與雙座型幻象ⅢD。主要諸元
（幻象ⅢE）：翼展8.22公尺、機長15.03公尺、機高4.50公尺、翼面積35.0平方公
尺、空重7,050公斤、最大起飛重量13,700公斤、動力：斯奈克馬的阿塔9C-3（後
燃器開啟時推力60.8kN）×1、最大時速2,350公里、實用升限23,000公尺、戰鬥
行動半徑1,200公里、乘員1名。　　　　　　　　　　（圖片提供：澳大利亞空軍）

● **幻象Ⅲ A**：前量產型，裝備後燃器開啟時推力58.0kN斯奈克馬的阿塔09B渦輪噴射發動機。機鼻搭載西諾瑞（Cyrano）雷達（從第八架原型機開始）。

● **幻象Ⅲ B**：基於幻象Ⅲ A的量產雙座教練機型。一部分的出口型使用Ⅲ D的名稱。

● **幻象Ⅲ BE**：基於幻象Ⅲ E的雙座教練機型，位於垂直安定面前緣根部的延長部分跟Ⅲ E一樣被拆除。

● **幻象Ⅲ C**：戰鬥機型最初的量產型，雷達換裝西諾瑞Ibis，具有全天候作戰能力。除了備有2門30公釐機關砲，還可搭載響尾蛇式、魔式以及R511這類空對空飛彈。

● **幻象Ⅲ E**：戰鬥轟炸機型，機身延長30公分，在駕駛艙後加裝攻擊用電子裝置等。移除了垂直安定面前緣根部的延長部分。動力方面，換裝成阿塔09C-3，在後燃器沒有開啟的狀態下，最大推力從41.7kN增加到42.0kN（後燃器推力相同）。

● **幻象Ⅲ R**：幻象Ⅲ E的偵察型，拆除雷達，改成在機鼻裝設照相機。

● **幻象Ⅲ RD**：在幻象Ⅲ R的偵察器材加裝Panorama照相機的機型。

● **幻象Ⅲ O**：澳大利亞空軍取向的幻象Ⅲ E，在澳大利亞的GAF授權生產。有攔截戰鬥機型和對地攻擊型，也可稱攔截型為Ⅲ O（F）、攻擊型為Ⅲ O（A）。

● **幻象Ⅲ S**：以色列空軍取向的幻象Ⅲ C，在瑞士的F+W授權生產。雷達方面，裝備美製休斯公司的TARAN-18。另外在1990年代進行現代化改良，除了電子裝置換新，還在進氣口上方加裝前

翼（canard，又稱前置翼，鴨翼）。

●**幻象Ⅲ V**：機內裝備勞斯萊斯RB162型升力發動機的垂直起降研
　究機。

瑞士空軍的幻象Ⅲ S。瑞士空軍取向的幻象Ⅲ S，與搭載美製休斯TARAN-18雷達
等標準型的幻象Ⅲ有所差異，圖中為現代化性能提升改良機，並進一步升級搭載的
電子裝置，且在進氣口上方加裝前置翼（鴨翼）。　　　　　（圖片提供：瑞士空軍）

　　從美國空軍取得三角翼戰鬥機的研究合約，1948年9月18日進行XF-92A首飛的康維爾（Convair）公司，針對1950年6月所提出攔截機的要求，提案以Model 8-80發展XF-92A的設計，1951年11月24日被選上。在這項新的攔截機計畫，要求搭載被命名為MX-1179的電子控制系統，但是這種高科技系統在開發上需要時間，來不及趕上機體的開發。因此首先只開發搭載高性能雷達的攔截機，康維爾製造了原型機YF-102三角劍式（Delta Dagger），於1953年10月24日進行首飛。該機體在首飛九天後失事墜落，之後便以1954年1月24日進行首飛的二號機（第二架原型機）繼續開發。然而二號機的試驗進行得也不順利，最大問題點在於無法突破音速。

　　當時NACA（NASA的前身）為了減低超越音速時增加的阻力，進行稱作面積律（area rule）的設計研究。其方法為增加主翼截面積同時減少機身的截面積，康維爾公司將該手法運用在F-102上，變更成逐漸減縮機身的設計。該手法奏效，F-102成功突破音速，自1956年4月起開始配備美國空軍部隊。

　　不過，F-102依原本計劃只是被設定為臨時的攔截戰鬥機。電子控制系統持續被開發，最後休斯公司完成稱為MA-1的系統。裝備這套系統的機型被命名為F-102B，由於變更部分太多，名稱被更改為**F-106三角鏢**（Delta Dart）。基本機體形狀依然是無尾三角翼，不過全長增長72公分，垂直安定面截短頂端部分，從三角形變成了梯形。而機體側面的進氣口也做了變更，F-102的進氣口是在駕駛艙旁，F-106則是將進氣口往後移，改善了駕駛艙的視野。發動機也由後燃器最大推力76.5kN的J57換裝成108.9kN的J75。F-106於

1956年12月26日進行試飛，1959年6月在美國空軍進入實戰狀態。

裝備了高性能雷達火控系統及自動攔截系統的美國空軍康維爾F-106A三角鏢。主要諸元（F-106A）：翼展11.67公尺、機長21.56公尺、機高6.18公尺、翼面積58.7平方公尺、空重10,728公斤、最大起飛重量18,975公斤、動力：普惠J57-P-17（後燃器開啟時推力108.9kN）×1、最大速度馬赫2.3、實用升限17,375公尺、戰鬥行動半徑1,173公里、乘員1名。　　　　　　　　　（圖片提供：美國空軍）

● **F-106A**：單座的量產戰鬥機型，裝備休斯MA-1火控系統，可以完全嵌入半自動地面防空警戒管制系統（SAGE）。地面攔截管制員可因此以F-106為目標操作。武裝為空對空飛彈，收藏在機內彈艙。新增4發AIM-4隼式（Palcon）空對空飛彈，若是GAR-11／AIM-26附核彈頭的隼式或者AIR-2附核彈頭的精靈（Genie）式空對空火箭彈，每一種可搭載一發。

● **F-106B**：F-106A的雙座教練型，具有搭載與F-106A相同武器類的能力。

● **QF-106A**：由F-106A改造成的遠距操控無人靶機。

除此之外，還計劃了裝備AN／ASG-18雷達火控系統的F-106C、其雙座型的F-106D、設有前翼（鴨翼）並裝備JT4B-22發動機的F-106X、增加具有攻擊下方目標能力等改良的F-106E及其雙座型F-106F等等，卻都未進行製造。

F-106也曾向日本及許多國家進行提案，卻沒有國家採用，只有美國空軍裝備。生產機數為340架，配備於美國空軍的防空部隊。服役期與越戰重疊，也曾認真考慮投入越戰，最後不曾踏出美國本土。另外，機型的名稱雖然沒有更改過，服役期間卻施行了各種提升能力的改良，比如裝備紅外線搜索追蹤系統或在超音速飛行用的主翼下引進副油箱等等。再者，需要用到機關砲時，也能在彈艙內將空對空飛彈換成20公釐火神式（Vulcan）機砲。

美國空軍開始裝備新的制空戰鬥機F-15（參看146頁）後，自1981年起F-106便從第一線部隊開始退役，被轉交給國民警衛航空隊。接著到了1988年，也從國民警衛航空隊退役。改造成無人

靶機的 QF-106A，最後一架在 1998 年 1 月被擊落。美國航太總署
（NASA）在各種研究飛行運用上使用了數架 F-106，最後的機體也
在 1998 年退役。

從後面看的 F-106A。清楚看到機身曲線逐漸縮窄，到了後部再次變寬。這就是面積
律形狀，超音速時抑止阻力的發生，變得容易突破音速。機身最後部分左右分開的
裝置，是利用空氣阻力進行煞車的空氣制動（Air Brake）。

（圖片提供：美國空軍）

英國電氣公司（English Electric）於1947年與航空部簽訂超音速研究機的開發合約，製造了一架名為P.1A的原型機，並在1954年8月4日進行首飛。P.1A裝備二具布里斯托希德利（Bristol Siddeley）製的藍寶石（Sapphire）噴射發動機，採用上下排列裝在後方機身的特殊設計。這是雙引擎戰鬥機為了盡量縮小正面面積的手法。另一方面，1954年決定開發英國空軍取向的超音速戰鬥機，P.1A成為實用機的作業開始，發動機換裝成艾方（Avon）帶後燃器雙發動機等變更的P.1B被製造出來，於1957年4月4日進行第一次飛行。這架P.1B成為閃電式（Lightning）的原型，而在1958年11月25日的飛行測驗中，成為英國首度突破馬赫2的飛機。

量產型的閃電式採用P.1B的基本設計，具後掠角度的主翼採中單翼配置於機身，兩具發動機採縱列式設計，進氣口設在機鼻。進氣口具有激波錐，佛蘭堤（Ferranti）的AI23 AirPass雷達天線收藏於其中。主要武裝為空對空飛彈，掛載於輕薄的主翼下有強度上的問題，所以被裝置在前方機身的兩側。

首批的量產型為閃電式F.Mk1，於1959年10月29日進行首飛，翌年夏天開始配備給英國空軍部隊。閃電式F.Mk3將發動機換裝後燃器開啟時推力72.7kN艾方300系列的同時，也能掛載副油箱，但因上述主翼的問題，副油箱採用置於主翼上方的方式。閃電式F.Mk6則在外翼將主翼前緣的後掠角略為縮減，改成具有雙重後掠角的形狀。目的是增加外翼面積，以減低高次音速飛行時所產生的阻力。又為了實現一直以來追求的燃料裝載量，使中央機身下方鼓起燃料油箱置於其中，增加一倍的裝載量。閃電式的規格機F.Mk3

和規格機 F.Mk6 被外銷到科威特與沙烏地阿拉伯。

閃電式的原型機－英國電氣 P.1B。主要諸元（閃電式 F.Mk6）：翼展 10.61 公尺、機長 16.84 公尺、機高 5.97 公尺、翼面積 35.3 平方公尺、空重 12,700 公斤、最大起飛重量 22,680 公斤、動力：勞斯萊斯艾方 302（後燃器開啟時推力 69.7kN）×2、最大速度馬赫 2.3、實用升限 18,000 公尺、航續距離 1,287 公里、乘員 1 名。

（圖片提供：英國電氣公司）

- ●閃電式 F.Mk1：最初的量產型，裝有空中加油用探針的機型被稱作F.Mk1A。
- ●閃電式 F.Mk2：搭載改良型電子裝置的機型。
- ●閃電式 F.Mk3：參看前文。將F.Mk3的機翼換成F.Mk6的為F.Mk3A。
- ●閃電式 F.Mk4：基於F.Mk1的雙座教練型，座位為橫向排列配置。
- ●閃電式 F.Mk5：基於F.Mk3的雙座教練機型。
- ●閃電式 F.Mk6：參看前文。
- ●作為外銷型的有：F.Mk52、F.Mk53、T.Mk54、T.Mk55。

英國空軍的閃電式 F.Mk6成為閃電式的最終生產型。閃電式採用二具發動機縱向並列佈局，又為了補強續航力的不足，在機身下方加裝燃料油箱，成為機身具有厚度的獨特設計。
（圖片提供：英國空軍）

第**3**章
第Ⅲ世代戰鬥機

以美蘇為中心的東西陣營緊張氣氛高升，在世界各地衝突爆發這段期間，成為搶奪制空權不可欠缺的戰鬥機，在性能提升方面有長足的進步。於是產生了F-4幽靈Ⅱ、F-5E／F虎二式（TigerⅡ）以及MiG-23等銷售頂尖的世界名機。第三章將驗證活躍於1960年代至1970年代這些戰鬥機的實力。

　　麥克唐納公司於1954年8月向美國海軍提出新式艦載長程攻擊機方案，同年10月18日取得以AH-1開發的合約。然而途中美國海軍構想新的用兵計畫，將開發中的機種改成雙座全天候戰鬥機，機種名稱也更改成F4H-1。該F4H-1的原型機於1958年5月27日進行首飛，與其他機種審查評比後決定採用。另外，基於1962年9月的稱呼統一，名稱變成**F-4幽靈Ⅱ**。開始配備於海軍部隊，是在稍早的1961年10月。

　　當時美國為了控制開發經費等目的，國防部強烈要求統一空軍和海軍戰鬥機的機種，於是空軍也進行了將F4H-1換成F-110A名稱的評估。向海軍借用F4H-1進行試驗的結果，確認該機具有作為超高戰鬥轟炸機的能力，空軍也決定裝備該機種，於1962年3月訂購量產型。期間像上述統一了軍用機名稱，F-110A因而更名為F-4C，原型機於1963年5月27日進行首飛。空軍、海軍以及海軍陸戰隊吸取越戰教訓，發展出眾多的改良衍生型。由此證明F-4的基本設計深具可塑性。

　　機體結構為後方機身配置兩具J79噴射發動機，機身兩側安裝了較大型的進氣口。乘員兩名，前後採串聯式的雙座佈局。主翼採低翼配置，配合航空母艦上的運用海軍型外翼部可以折疊。主翼水平裝置於機身，外翼略為抬高，具有上反角。水平安定面為全動式，具大下反角被安裝在後方機身上。機鼻內部搭載火控雷達。

　　成為空軍和海軍雙方共通使用的F-4，為了投入越戰被大量生產外，還相繼被許多國家採用，生產期因而拉長，在美國製造到1979年為止。其他在日本進行授權生產，這些加上偵察機型總共生產了

5,195架飛機。

作為美國海軍的艦載戰鬥機被開發，空軍也採用十分成功的麥道F-4幽靈Ⅱ。圖中是海軍改造成靶機的QF-4N。主要諸元（F-4D）：翼展11.71公尺、機長17.76公尺、機高4.95公尺、翼面積49.2平方公尺、空重13,144公斤、最大起飛重量26,874公斤、動力：通用電機（GE）J79-GE-15（後燃器開啟時推力75.6kN）×2、最大時速2,390公里、實用升限18,105公尺、戰鬥行動半徑1,353公里、乘員2名。　　　　　　　　　　　　　　　　　　　　（圖片提供：美國海軍）

F-4幽靈Ⅱ式發展出眾多不同的衍生型，這裡僅列出主要的類型（偵察型除外）。

● **F4H-1F**（後來改稱 **F-4A**）：海軍取向的前量產型，裝備後燃器開啟時推力71.8kN的J79-GE-2／-2A發動機。

● **F-4H-1**（後來改稱 **F-4B**）：海軍取向的最初量產型，發動機是J79-GE-8（75.6kN），裝備AN／APQ-72火控雷達。

● **F-110A**（後來改稱 **F-4C**）：空軍取向的最初量產型。

● **F-4D**：大幅改良F-4C所搭載電子裝置的機型，雷達為AN／APQ-109，特別強化了空對地機能。

● **F-4E**：空軍取向的量產型，機鼻下方裝備1門20公釐火神式（Vulcan）機砲，成為幽靈Ⅱ式首次裝備固定機關砲的機型。發動機是J79-GE-17型（79.6kN），雷達為AN／APQ-120，另外略微改更了機鼻形狀。

● **F-4G**：海軍在越戰運用裝有使用了數據鏈路（Data Link）的F-4B的名稱，不過很快改回F-4B的名稱。

● **F-4G**：F-4E改造成壓制敵國防空（SEAD）任務用的機型，因此拆除了機關砲，追加反幅射飛彈的運用能力。F-105G同樣被稱作野鼬（Wild Weasel）機。

● **F-4J**：海軍取向的量產型，裝備J79-GE-10（79.6kN）發動機，略為加大了主翼和尾翼。搭載的電子裝置類也一併換新。

● **F-4N**：在F-4B進行現代化修改，換新搭載電子裝置並進行壽限延長的機型。

● **F-4S**：強化F-4J構造，並且在主翼前緣進行縫翼加裝的修改。

　　除此之外獨特的外銷型，還有航空自衛隊取向的 F-4EJ（取消了
射爆擊等能力）、西德空軍取向的 F-4F（取消了 AIM-7 麻雀式的運
用能力）、英國空軍取向的 F-4K 以及 F-4M（在英軍的名稱為幽靈式
FG.Mk1 和幽靈式 FGR.Mk2），英國取向的機型，則以 F-4J 為基礎
換裝勞斯萊斯斯貝（Spey）203 型的發動機（91.2kN）。

德國空軍的 F-4F 進行能力提升改良的 F-4F ICE。F-4F 雖然基於 F-4E 被製成，引
進時的西德（當時）空軍只認同近接的空中對戰，因而取消了中射程空對空飛彈
AIM-7 麻雀式的運用能力。之後規定改變，F-4F ICE 雷達換裝 AN／APG-65 型的同
時，並且被賦予 AIM-120 型 AMRAAM 中程空對空飛彈的運用能力。

（圖片提供：EADS）

通用動力F-111土豚

1960年代初期美國空軍提案立定的先進戰術戰鬥機計畫，1962年11月決定採用F-111。在這項計畫，要求兼具高攻擊力與全天候空戰能力的戰鬥機，不過著眼點放在低空突防的對地攻擊任務上。加上當時要求空軍與海軍的戰機共通化，所以條件還包括能夠當作海軍的艦載戰鬥機使用。

為了滿足這些要求，通用動力（General Dynamics）公司提出雙引擎大型並列（橫列）雙座機、在飛行中可改變主翼後掠角的可變後掠翼機等設計。設兩名乘員，一名作為飛行員專心駕駛，另外一名以操作雷達為首專心在戰鬥或攻擊任務上，分擔職務是為了使用複雜的戰鬥攻擊系統。至於可變後掠翼，可從低速到高速的所有速度範圍內選取適當的主翼後掠角，能夠高速在超低空飛行，並確保卓越的低速運動性及短場起降性能。另外在航空母艦上，具有縮小整架機體使佔用空間最小化的優點。

於是開發了空軍取向的F-111A與海軍取向的F-111B，F-111A因此於1964年12月21日、F-111B於1965年5月18日由各自的原型機進行首飛。空軍按照預定裝備了量產型，海軍應用評估的結果認為對航艦上的運用既龐大又笨重，於1968年5月決定不採用。空軍方面從1967年10月起開始配備部隊，隨即投入越戰。在那之後，1986年4月的利比亞轟炸、以及1991年1月開始的灣岸戰爭等也參與了作戰。

F-111還製造了轟炸能力提升、主翼面積擴大的戰鬥轟炸型FB-111，該FB-111的主翼裝在F-111的F-111C被外銷到澳大利亞。澳大利亞是美國以外唯一裝備F-111的國家。F-111長期沒有暱稱，因

為機鼻的形狀在飛行員之間被稱作**土豚**（Aardvark，食蟻獸），接近 1998 年的退役期間才正式成為暱稱。

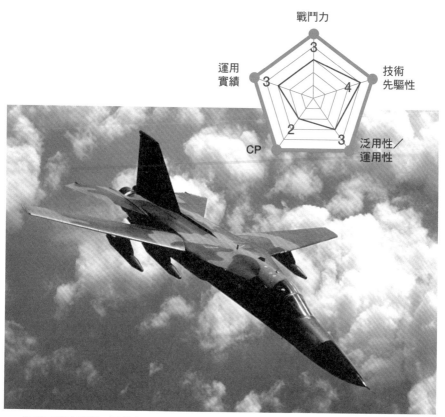

戰鬥力
3

運用
實績
3

技術
先驅性
4

CP

2

3

泛用性／
運用性

裝備可變後掠翼，具備高低空突防轟炸的通用動力F-111土豚。圖中為F-111E。主要諸元（F-111F）：翼展 19.20 公尺（展開時）／9.74 公尺（後掠時）、機長 22.40 公尺、機高 5.22 公尺、翼面積 48.8 平方公尺（展開時）／61.1 平方公尺（後掠時）、空重 21,537 公斤、最大起飛重量 45,360 公斤、動力：普惠 TF30-P-100（後燃器開啟時推力 111.7kN）×2、最大時速 2,655 公里、實用升限 18,920 公尺、戰鬥行動半徑 4,707 公里、乘員 2 名。
（圖片提供：美國空軍）

●**F-111A**：最初的量產型，裝備普惠TF30-P-3型（後燃器開啟時最大推力82.3kN）發動機。

●**F-111A（C）**：將美國空軍退役下來的F-111A轉交澳大利亞空軍之後的名字。

●**F-111B**：作為海軍的艦載戰鬥機被開發，製造了七架，但未到實用配備。

●**F-111C**：澳大利亞空軍取向的F-111A，使用了FB-111A翼展加長過的主翼。

●**F-111D**：發動機裝備增強型的TF30-P-9（87.1kN），提升導航系統能力的機型。

●**F-111E**：F-111A的改良型，發動機與A型相同。改良了實用化之後問題很多的進氣口，部分搭載的電子裝置也做了升級。

●**F-111F**：將FB-111使用的攻擊用電子裝置搭載在F-111D上以提高攻擊力，發動機裝備TF30-P-100（111.7kN）解決了動力不足的機型。使用雷射導引炸彈，因此也多了精密導引轟炸能力。

●**F-111G**：將美國空軍退役下來的FB-111A修改成戰鬥機的機型，交付給澳大利亞空軍。

●**EF-111A渡鴉**：F-111A改造成可做電子干擾等任務的電子戰機，垂直安定面頂端設置收藏電子戰裝置的大型鼓包，以及機腹具有收藏器材獨木舟（Canoe）型的整流罩為其特徵。

●**RF-111C**：澳大利亞空軍的部分F-111C，機內進行搭載照相機等改良的偵察型。

F-111首先配備美國本土的戰鬥機部隊，東西冷戰的緊張氣氛升

高後，立刻成為扼阻東歐諸國軍隊進擊的主力戰機，也在英國配置了兩個航空師。這些英國駐留部隊在F-111役期將近前持續在歐洲活動、以及被派至灣岸戰爭的都是這些部隊的下屬戰機。唯一的外銷國澳大利亞，自1973年起開始接收機體並編制成一個航空師。目前也持續運用中，以電子裝置的現代化為首，進行了多項能力提升的修改，也賦予該機運用雷射導引炸彈的能力。

F-111的最終生產型，可搭載AN／AVQ-26鋪路釘（Pave Tack）雷射標定器，可因此利用雷射導引炸彈做針點（pin-point）攻擊的F-111F。主翼下掛載AIM-9響尾蛇式空對空飛彈，以及2,000lb（907公斤）的GBU-10 鋪路二型（Paveway Ⅱ）雷射導引炸彈。
（圖片提供：美國空軍）

諾斯洛普 F-5E／F虎二式

　一邁入噴射戰鬥機時代，美國立刻開發諾斯洛普 F-5 自由鬥士，作為西側同盟國取向的外銷專用噴射戰鬥機，並交付眾多國家。F-5 雖然是一架運動性卓越的戰鬥機，卻沒有雷達等裝備，滯空時間越久其戰鬥力相對減低，加上前蘇聯開發出高性能戰鬥機 MiG-21（參看 78 頁），許多東側國家紛紛進行裝備，因此有必要提供足以抗衡的戰鬥機。於是諾斯洛普（Northrop）公司提出 F-5 的改良型方案，將雙座型 F-5B 改造成 F-5B-21 作為該機的原型機，於 1969 年 3 月 28 日進行首飛。美國空軍與其他公司案審查評估後，1970 年 11 月作為外銷用的國際戰鬥機，選定以 F-5-21 為基礎的 **F-5E（單座）／F（雙座）**。

　F-5E／F 為沿襲 F-5A／B 基本設計的小型雙引擎戰鬥機，發動機同樣是通用電機（GE）的 J85 型渦輪噴射發動機，不過換成了增強型（後燃器開啟時推力 22.2kN）。擴大主翼前緣接合的延長部分的面積，同時可將主翼前後緣的襟翼當成空戰襟翼使用，大幅提升了運動性。電子裝置方面，機鼻裝備艾方 AN／APQ-153 雷達，探測距離即便在空對空飛彈模式下僅有短短 16 公里，卻能夠利用雷達瞄準發射 AIM-9 響尾蛇式空對空飛彈。之後還製造了裝備可信度提高的 AN／APQ-159 的機型。航電方面，也可依照項目裝備 LN-33 慣性導航系統。

　F-5E 的第一架原型機於 1972 年 8 月 11 日進行首飛，若扣除美國，共有 20 個國家採用。美國也當作假想敵戰機使用。後來開發了 F-20 虎鯊（Tigershark）式，為了提升運動性，立刻製造了機鼻形狀作成跟 F-20 相同的機型。至於目前仍然運用的國家中，也有國家

獨自升級雷達、火控系統以及航電系統等等。諾斯洛普以外，還在瑞士的F&W、韓國的大韓航空、台灣的AID進行授權生產，生產總數達1,482架。

在美國海軍被當成假想敵機使用的諾斯洛普F-5E虎二式。主要諸元（F-5E）：翼展8.53公尺（含翼端飛彈）、機長14.45公尺、機高4.08公尺、翼面積17.3平方公尺、空重4,349公斤、最大起飛重量11,187公斤、動力：通用電機（GE）J85-GE-21B（後燃器開啟時推力22.2kN）×2、最大時速1,700公里、實用升限15,590公尺、戰鬥行動半徑1,405公里、乘員1名。　　　　　　　　　（圖片提供：美國海軍）

諾斯洛普
F-5E／F虎二式

- **F-5E**：單座的量產型。

- **F-5E虎三**：以色列飛機工業（IAI）對智利空軍的F-5E進行能力提升修改後的名稱，裝備Elta EL／M-2032B型雷達、警戒雷達、以及電子干擾等系統。

- **F-5F**：雙座的量產型，為了設後座艙，機身延長了1.02公尺。

- **RF-5E虎眼（Tigereye）**：F-5E的偵察型，在機鼻部分搭載偵察照相機，機鼻下方配置裝有照相窗的大型鼓包。

- **RF-5E虎瞰（Tigergazer）**：將台灣空軍裝備的F-5E修改成無武裝偵察機的機型。

- **RF-5S虎眼**：由新加坡空軍裝備的F-5S修改成無武裝偵察機的機型。

- **F-5G**：F-20虎鯊（參看圖例）的早期名稱。

- **F-5N**：美國海軍、海軍陸戰隊將瑞士空軍使用的F-5E，作為假想敵戰機購入後的名稱。

- **F-5S**：新加坡空軍的F-5E進行能力提升改良後的名稱，雷達換裝FIRA公司的GRIFO F型，取得AIM-120 AMRAAM的運用能力。

- **F-5T Tigris**：以色列飛機工業（IAI）對泰國空軍的F-5E進行能力提升修改後的名稱。

- **F-5EM**：巴西空軍的F-5E，雷達換裝成GRIFO等等，進行能力提升後的名稱。

- **F-20虎鯊**：諾斯洛普公司作為新世代外銷用戰鬥機開發的F-5E的大幅改良型，裝備通用電機（GE）F404-GE-100型（後燃器開

啟時推力75.6kN）的單發動機，換裝AN／APG-67型多模式雷
達，配備AN／ASN-144慣性導航系統等，作為也具備對地攻擊
能力的多用途戰鬥機。1982年8月30日進行了首飛，卻因許多國
家不允許引進F-16，沒有國家採用而未進行量產。

　F-5E／F以外銷用戰鬥機被製造與販賣，由於其體型大小和飛行
特性接近MiG-21，所以美國空軍、海軍以及海軍陸戰隊也當成假想
敵戰機引進。

繼承F-5E／F成為外銷專用戰機被開發的F-20虎鯊式。裝備大推力的F404型渦扇
單發動機，機鼻裝備高機能雷達等。為日本漫畫『戰區88』主人翁所駕駛的飛機，
非常受歡迎，但現實世界沒有國家採用F-20，因而無法到達量產。
　　　　　　　　　　　　　　　　　　　　　（圖片提供：諾斯洛普公司）

米格‧古列維奇 MiG-25「狐蝠」

　　美國空軍在1950年代末，以馬赫3的超高速在高空飛行，計劃一架攻擊蘇聯（當時）的戰略轟炸機，於1964年9月21日讓具備此能力的轟炸原型機－北美XB-70戰神侍婢式（Valkyrie）進行首飛。以超越戰鬥機的高速在當時戰鬥機無法繼續往上昇的高空飛行，然後朝向無迎擊之力的蘇聯總部投下核彈，為其運用構想。為此，蘇聯被迫必須開發足以迎擊戰神侍婢式的戰鬥機，米格‧古列維奇設計局被指名負責。於是製造了 **MiG-25**，原型機 Ye-155 於 1964 年 3 月 10 日進行首飛，飛行測驗時發生了幾個問題，解決那些問題後見於 1972 年 5 月開始實戰配備。北約組織給予該機種「**狐蝠**」（Foxbat）的代號，符合超大型戰鬥機的外觀。

　　MiG-25 是裝備了兩具後燃器開啟時推力達 109.8kN 的大型 R-15B-300 渦輪噴射發動機（後來裝備 137.2kN 的 R-31-300 型）的超大型戰鬥機，主翼採高單翼配置略帶下反角。垂直安定面有兩片，略帶傾斜的裝在外側，機身具有全動式的水平安定面。進氣口位於機身兩側，具有四角型的大開口。此種機體結構與美國的 F-15 非常類似，據說是 F-15 參考了 MiG-25 的設計。另外，以接近馬赫 3 的高速飛行會產生摩擦熱，為了保住機體，暴露在高溫下的部分採用鈦金屬等辦法。機鼻裝備 RP-25 型 Smerch（北約代號「狐火」）雷達，該雷達雖然是舊式設計，卻具有 80 公里長的探測距離。

　　在 MiG-25 情報還是很少的 1976 年 9 月 6 日，飛行員逃亡到日本，在函館機場強行降落。這下子日本與美國，終於可以詳細調查一直以來裹著神秘面紗的該機種。因為這起事件，MiG-25 成為了與日本有特別淵源的前蘇聯戰鬥機。之後還開發了戰鬥力更佳的雙座先進

型MiG-31「捕狐犬」（Foxhound）。

戰鬥力

技術
先驅性

泛用性／
運用性

CP

運用
實績

以迎擊超高速飛行突入的美國戰機為目的，所研發出來的米格‧古列維奇 MiG-25「狐蝠」。圖中為 MiG-25PD「狐蝠E」主要諸元（MiG-25PD）：翼展 14.10公尺、機長 22.30公尺、機高 5.60公尺、翼面積 61.9平方公尺、空重 20,000公斤、最人起飛重量 41,000公斤、動力：圖曼斯基（Tumansky）R-31-300（137.2kN）×2、最大速度馬赫 2.85、實用升限 22,000公尺、航續距離 1,285公里、乘員1名。

（圖片提供：美國國防部）

● MiG-25P「狐蝠 A」：最初的量產型，逃亡飛到日本所使用的也是這個型號。主要武裝為四發空對空飛彈，沒有裝備機關砲。主翼端裝有用來抑止振動、稱作「質量平衡」（mass balance）的棒錘。

● MiG-25RB「狐蝠 B」：基於 MiG-25P 的偵察型，前方機腹具有偵察照相用的窗口。MiG-25RBSh 為其改良型，備有無線偵測裝置。也有配備電子情報收集裝置的 MiG-25RBV，不過北約代號都是「狐蝠 B」。

● MiG-25PU「狐蝠 C」：雙座教練機型，拆除機鼻的雷達，在原本駕駛座艙前加設訓練員專用的駕駛座。

● MiG-25RU「狐蝠 C」：與 MiG-25PU 相同的偵察型，用在偵察機型訓練上的機型。

● MiG-25RBK「狐蝠 D」：與「狐蝠 B」相同的偵察型，但未裝備照相機，以側視空載雷達進行偵察的機型。那些偵察器材改良後的機型為 MiG-25RBF「狐蝠 D」。

● MiG-25PD「狐蝠 E」：為裝備具發現下方目標便可攻擊、稱作「下視下射」機能 RP-25 型高空雲雀（High Lark）雷達的先進型，還加裝了紅外線搜索追蹤系統。改良自 MiG-25P 的機種被稱為 MiG-25PDS。

● MiG-25BM「狐蝠 F」：以 MiG-25RB 為基礎並加了 Kh-58 反輻射飛彈的運用能力，為壓制敵國防空（SEAD）任務的專用機種。

　　MiG-25 作為蘇聯空軍取向的防空戰鬥機被開發，大量配備於防空軍。在現今的俄羅斯空軍，戰鬥機型雖然被改良先進型的 MiG-31

「捕狐犬」等取代而退役下來，不過偵察型與SEAD型，雖為少數似乎還繼續被運用。體型大機體價格又昂貴，再加上開發目的特殊等因素顯少外銷出口，不過前蘇聯外尚有七個國家引進。東歐各國中保加利亞是唯一的外銷國，目前全機已從保加利亞空軍退役。

MiG-25PD「狐蝠E」為攔截戰鬥機型的先進型。除了強化雷達機能使其具有瞄準、攻擊下方飛行目標外，並在機鼻下方加裝紅外線搜索追蹤系統。還製造了改進早期MiG-25P的改良機，這些機體被稱為MiG-25PDS「狐蝠E」。

（圖片提供：美國國防部）

　　進入1960年代後，當時的蘇聯開始研發各種新型戰鬥機。其中以米格・古列維奇設計局的可變後掠翼戰鬥機，以及有尾三角翼上裝備升力發動機的短場起降（STOL）戰鬥機被認為最有希望，1968年兩機種進行審查評估。STOL戰鬥機的原型23-01於1967年4月3日、可變翼戰鬥機的原型23-11於6月10日進行首飛。試飛結果，可變後掠翼的配備型勝出，歷經了Ye-231實驗機，最後以**MiG-23**投入量產。據說STOL戰機被評價因為裝備升力發動機，無法有效使用機內容積及穩定性不佳等的問題點。北約組織命名該MiG-23「**鞭撻者**（Flogger）」（用鞭子抽打的人）的代號。

　　MiG-23為圖曼斯基（Tumansky）R-29-300型渦輪噴射（後燃器開啟時推力122.5kN）單引擎戰鬥機，主翼固定部設在配置於機身兩側的進氣道上，在中間設有改變後掠翼裝置的起點。裝在起點上的可變翼部，後掠角活動範圍從16度到72度，可固定在最前掠位置（16度）、最後掠位置（72度）、以及中間位置（45度）這三個地方。該機翼的操作，是由飛行員手動使用手把。機鼻較長且寬，初期機型備有RP-22藍寶石（Sapfir）21（北約代號「慳鳥」），取得越戰上擊落F-4幽靈II的雷達情報後，立刻活用並研發出Sapfir 23D-Sh（北約代號「高空雲雀」），之後換裝該型雷達。垂直安定面為一片，全動式的水平安定面安裝在機身。後方機腹裝有大型鰭片，在陸地時會碰撞地面，所以起降時需在右側彎曲折疊起來。

　　活用MiG-23的基本設計作為對地攻擊專用型的，為MiG-23B系列，簡化發動機後燃器的結構、拆除機鼻雷達、在駕駛艙加裝裝甲板等等，大幅做了符合任務要求的變更。該機型也被稱為MiG-27

「鞭撻者D／J」。

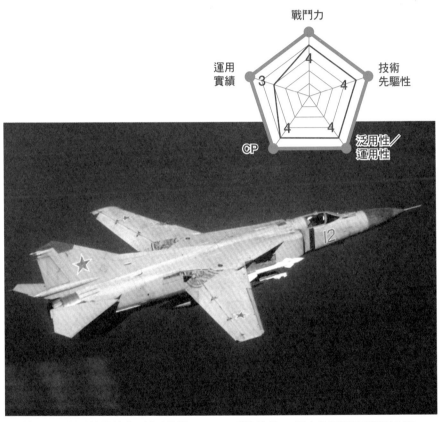

使用了可變後掠翼的多用途戰術機－MiG-23「鞭撻者」。圖中是初期量產型的MiG-23「鞭撻者A」。主要諸元（MiG-23ML「鞭撻者G」）：翼展13.97公尺（展開時）／7.78公尺（後掠時）、機長16.33公尺、機高4.82公尺、翼面積37.3平方公尺（展開時）／34.2平方公尺（後掠時）、空重10,845公斤、最大起飛重量17,800公斤、動力：圖曼斯基R-35-300（後燃器開啟時127.4kN）×1、最大時速2,500公里、實用升限17,500公尺、航續距離2,550公里、乘員1名。

（圖片提供：美國國防部）

3-10

各種型號及配備

米格・古列維奇 MiG-23「鞭撻者」

這裡礙於篇幅，對地攻擊專用型的MiG-23B／MiG-27系列只好割愛。

●**MiG-23S「鞭撻者A」**：最初的量產型，裝備了「慳鳥」（Jay Bird）雷達。1971年開始於蘇聯（當時）空軍服役，也有製造改良過系統的MiG-23SM「鞭撻者A」。

●**MiG-23M「鞭撻者B」**：雷達搭載「高空雲雀」（High Lark）的機型，獲得R-23（北約代號AA-7「頂尖（Apex）」中程空對空飛彈的運用能力。

●**MiG-23MF「鞭撻者B」**：MiG-23M的外銷型。

●**MiG-23MS「鞭撻者E」**：以MiG-23為基礎的外銷型，裝備了「慳鳥」雷達。

●**MiG-23ML「鞭撻者G」**：MiG-23的新世代型，發動機換裝圖曼斯基R-35-300型（127.4kN），雷達也換成能力提升的藍寶石23ML（北約代號高空雲雀2）。機體形狀方面，縮小了原本從垂直安定面接合處前緣大大延伸到上面的鰭片。

●**MiG-23P「鞭撻者G」**：在MiG-23ML裝備數據鏈路（Data Link）與自動操作系統連結的攔截專用機型，雷達改良成具下視下射能力的藍寶石23P。

●**MiG-23MLA「鞭撻者E」**：提高MiG-23P的雷達抗干擾能力，同時裝備抬頭顯示器（Head Up Display）的改良型。

●**MiG-23MLD「鞭撻者K」**：更改MiG-23ML的細部設計，增大攻角（空氣流向跟機翼方向的夾角）極限以提升運動性的機型。關於主翼的可變部分，也能拆裝掛載武器等的支架。可變後掠翼，

　　依照機翼角度的變化，盡量讓搭載物品經常朝相同方向時支架也
得跟著移動。該支架稱為旋轉式，前蘇聯實用期間並不長。

　　MiG-23速度性能、運動性能都朝向卓越的多用途戰鬥機成長，在
許多東側國家裝備使用。

MiG-23的改良先進型，成為後期主要生產型的MiG-23ML「鞭撻者G」。與初期
型外觀上最大差異點，在於延伸自垂直安定面前緣交接處的鰭片被大幅小型化。
主翼下裝備R-24R（AA-7「頂尖」）中程空對空飛彈、機腹裝備R-60（AA-8「蚜蟲
（Aphid）」）短程空對空飛彈。　　　　　　　　（圖片提供：美國國防部）

在飛機的運用上必須具備有跑道的機場，因此需要廣大的場地，而能夠運用飛機的場地又有限制上的問題。如果能像直昇機一樣垂直起降，或者在小型跑道就能起降的話，就能在機場外的場地運用，使具有此種能力的垂直／短場起降（V／STOL）噴射戰鬥機實用化，是軍方與研發者的夢想，為了實現這個夢想進行了多次的挑戰。

英國的霍克（Hawker）公司（後來為霍克希德利，現為「BAE系統公司」）在1950年代末以前，都在研究具備那種能力、稱作P.1127的機體設計。動力方面使用英國飛機公司（現勞斯萊斯）研發，藉轉動排氣口改變推力方向的發動機，噴嘴數目原先是兩個，後來增加到四個。該P.1127於1960年10月21日進行首飛，階段性證實了運用V／STOL是可行的。除了英國，美國和西德（當時）都對這項能力表示興趣，一同進行了研發作業，然而最後決定引進實用機的只有英國空軍。

該機實用型為**澤鷂式**（Harrier），原型機於1966年8月31日進行首次飛行，1969年4月起開始配備部隊。美國也因這次的成功再度提起興趣，決定以AV-8A澤鷂式的名字引進，1969年12月海軍陸戰隊派戰機從強襲登陸艦出發，作為從空中支援登陸部隊的戰機。

該澤鷂式的V／STOL能力，讓退除普通型航空母艦的英國海軍在新的航艦戰力上具實用性。澤鷂式本身為非裝備雷達等的簡易輕型攻擊機，英國海軍在機鼻裝備雷達（藍狐）增加空對空作戰能力，裝備了追加許多符合航艦運用修改的戰鬥攻擊偵察型。那便是海澤鷂式（Sea Harrier），於1978年8月20日進行首飛，1979年6

月起開始交付給英國海軍。海澤鷂式被投入1982年的福克蘭群島衝突（Falklands Conflict），擊落至少20架阿根廷戰機，雖然損失了4架但空中對戰保持了零墜機的記錄。

霍克希德利研發的澤鷂式，是世界上第一種實用V／STOL的戰機。圖中為美國海軍陸戰隊的AV-8A澤鷂式。主要諸元（海澤鷂式FRS.Mk51）：翼展7.70公尺、機長14.50公尺、機高3.71公尺、翼面積18.7平方公尺、空重6,374公斤、最大起飛重量11,884公斤、動力：勞斯萊斯飛馬（Pegasus）Mk104（95.6kN）×1、最大時速1,183公里、實用升限15,545公尺、戰鬥行動半徑741公里、乘員1名。

（圖片提供：美國海軍陸戰隊）

- **澤鷂 GR.Mk1**：英國空軍取向的最初量產型，裝備了最大推力 84.5kN 勞斯萊斯飛馬 101 型渦扇發動機。

- **澤鷂 GR.Mk1A**：GR.Mk1 的發動機換裝成飛馬 102 型（91.1kN）的增強型。

- **澤鷂 T.Mk2**：基於 GR.Mk1 的雙座教練型。

- **澤鷂 T.Mk2A**：基於 GR.Mk1A 的雙座教練型。

- **澤鷂 GR.Mk3**：發動機換裝成飛馬 103 型（95.6kN）的機型，之後可在機鼻裝備雷射測距暨目標指示跟蹤器（LRMTS），機鼻前端延伸成細長圓桶狀。

- **澤鷂 T.Mk4**：基於 GR.Mk3 的雙座教練型，只在部分機體裝備 LRMTS。

- **AV-8A 澤鷂**：美國海軍陸戰隊取向的最初量產型，發動機裝備基於飛馬 103 型的 F402-RR-11 型，最大推力達 99.6kN。授權在麥克唐納・道格拉斯公司（現為波音公司）進行生產。

- **TAV-8A 澤鷂**：基於 AV-8A 的雙座教練型。

- **AV-8C 澤鷂**：延長 AV-8A 的壽限，並且對防禦器材進行新型化改良的機型。

- **AV-8S**：西班牙海軍取向的 AV-8A。

- **TAV-8S**：西班牙海軍取向的 TAV-8A。

- **海澤鷂 FRS.Mk1**：海軍作為輕型航空母艦上運用作戰機引進，機鼻裝備藍狐（Blue Fox）雷達增加空對空作戰能力的機型。以迴轉式駕駛座艙為首，在機體形狀進行了一些變更。發動機為飛馬 104 型（95.6kN）。

●**海澤鷂FRS.Mk51**：印度海軍取向的海澤鷂式。

●**海澤鷂F／A.Mk2**：海澤鷂式的全天候作戰機型，雷達換成藍雌狐型（Vixen），增加了AIM-120 AMRAAM中程空對空飛彈運用能力的機型。除了新製造機，也有改自FRS.Mk1的機型。

　　海澤鷂式在那之後，進化成大型化與能力大幅提升的AV-8B澤鷂Ⅱ式。

澤鷂式雖以對地攻擊機獲得實用，英國海軍卻引進裝備雷達並具有空戰能力的海澤鷂式。海澤鷂式也研發了雷達強化型的海澤鷂式F／A.Mk2。全機已從英國海軍退役下來，目前仍持續運用海澤鷂式的只有唯一輸出國的印度海軍。圖中為印度海軍的海澤鷂式FRS.Mk51，持續在提升能力上進行修改。　　（圖片提供：美國海軍）

在無尾三角翼戰鬥機幻象Ⅲ／5／50系列十分成功的達梭公司，一改1970年代實用化的新型戰鬥機，採用了主翼搭配水平安定面的傳統設計。達梭以公司資金投入該戰鬥機的研發，1966年12月23日使命名為**幻象F1**的第一架原型機首次飛行。法國空軍確立引進該機種作為全天候攔截戰鬥機的方針，1967年9月進一步簽署製造三架原型機的合約。幻象F1的原型機與幻象Ⅲ式雖同是單座動發機，卻使用了後燃器開啟時推力達70.6kN的斯奈克瑪（Snecma）阿塔9K-50型渦輪噴射發動機，成為所有飛行性能都超越幻象Ⅲ式的機種。

幻象F1的主翼是稱為「梯形三角翼」的形狀，基本上還是三角翼抵達三角形頂點前停住，裁成梯形。主翼前端具有為提高運動性、稱作「犬齒」（Dog tooth）的缺口，翼端並設有搭載飛彈用的鐵軌式發射裝置。主翼採高翼配置，進氣道在底下運作，進氣口就設在駕駛艙後方的機身兩側。進氣口內設有可動式的「激波錐」。尾翼由一片垂直安定面與固定在機身的水平安定面構成，水平安定面為全動式。在垂直安定面的後緣根部，收藏著降落時用來煞車、稱作「阻力傘」的降落傘。火控系統雷達收藏於機鼻，搭載雷達依機型有所不同。幻象F1製造了眾多不同的衍生型，生產一直持續到1990年代中期為止。總生產機數超過720架。

幻象F1於1973年3月開始在法國空軍配備部隊，並且外銷到許多國家。而在1970年代末裝備了更強力M53型發動機的機型自稱是比利時、丹麥、荷蘭、挪威的通用戰鬥機，實力卻輸給了美國的F-16。結果達梭公司決定重新回到三角翼戰鬥機的設計，繼續研發

新的戰鬥機。

達梭公司唯一的普通形式戰鬥機－幻象F1。圖中是賦予偵察能力的幻象F1CR。
主要諸元（幻象F1CR）：翼展8.40公尺（不含翼端飛彈）、機長15.30公尺、機高
4.50公尺、翼面積25.0平方公尺、空重7,900公斤、最大起飛重量16,200公斤、動
力：斯奈克瑪（Snecma）阿塔9K-50（後燃器開啟時70.2kN）×1、最大時速2,338
公里、戰鬥行動半徑1,390公里、乘員1名。　　　　　　（圖片提供：法國空軍）

● **幻象F1A**：外銷用的戰鬥轟炸機型，備有雷射測距儀，另一方面雷達卻配備了低能力的Aida II，空對空作戰能力因而受到限制。

● **幻象F1B**：基於首批量產型幻象F1C的設計，機身加長30公分的雙座教練型，維持著與F1C幾乎同等的作戰能力。無機關砲。

● **幻象F1C**：最初的量產型，攔截作戰為主要任務，機鼻裝備了西諾瑞（Cyrano）IV雷達，後期生產型換裝增加了具備與下方目標交戰能力的西諾瑞IV-1。

● **幻象F1C-200**：F1C裝備空中加油管的機型，機鼻因而延長了7公分。

● **幻象F1CR**：在1981年11月20日首飛的F1C-200原型機增加戰術偵察能力的機型。機鼻下方為了放置偵察照相機，附玻璃窗的小型突起塊是為外觀上的特徵。機鼻雷達換成了強化對地機能的西諾瑞IV M-R。

● **幻象F1CT**：在1991年5月3日首飛的F1C-200原型機增加對地攻擊能力的改良型。機鼻雷達跟F1CR一樣，裝備了西諾瑞IV M-R。

● **幻象F1D**：基於F1E（參看次項）的雙座教練型，跟F1B同樣延長了機身。

● **幻象F1E**：外銷專用的單座全天候作戰轟炸機型，搭載各種對地攻擊用器材。

● **幻象F1-M53**：作為比利時、丹麥、荷蘭、挪威取向的方案機，發動機裝備斯奈克瑪（Snecma）M53型（後燃器開啟時推力83.4kN）的機種，於1974年12月22日進行首飛。曾經一度被稱為F1E，與前項的F1E卻是完全不同的機種。

幻象F1首先裝備法國空軍的防空部隊，隨後還製造了偵察型與多用途型，擴大了活動範圍。法國以外還有12個國家的軍隊使用，主力外銷型為戰鬥轟炸機型的幻象F1E，F1E還製造了特殊化的空中對戰機型。包含法國在內在7個國家的第一線部隊繼續運用。

進行編隊飛行的單座戰鬥機型幻象F1C（後方），和雙座教練型的幻象F1B（前方）。幻象F1為真正的多用途戰術戰鬥機，除了法國空軍也被許多國家採用，現在仍然有許多國家作為第一線戰機使用。不過接著研發的戰鬥機，達梭公司再度恢復無尾三角翼的構造。　　　　　　　　　　　　　　　　　　（圖片提供：法國空軍）

以雙三角翼的獨創性設計研製出高性能戰鬥機龍式（Draken）的紳寶（SAAB）公司，在接下來的新戰機計畫，仍進行了驚動世界的設計。無尾三角翼的基本形狀，是將小型翼面配置於主翼前，該小型翼稱為前置翼（canard），最新歐洲戰鬥機也使用了這項設計，目的卻不相同。新世代戰鬥機使用前置翼以提高運動性，**三叉閃電式**（Viggen）則是為了提高短場起降能力採用前置翼這種結構。

瑞典空軍一直以來都在追求卓越的短場起降能力。北歐瑞典一到冬天，路面結凍容易打滑，為了在高速公路等場地運用戰鬥機，並具備能與同時代各國戰鬥機比擬的能力，紳寶公司不斷研製出嶄新設計的戰鬥機。值得一提的是，三叉閃電式也在發動機上裝設推力反向器（thrust reverser），可一口氣縮短著陸距離。推力反向器雖然可以縮短著陸距離，但是會加重發動機本身重量，對於極力輕型化的戰鬥機來說是項敬而遠之的裝置，紳寶公司是為了滿足空軍的要求才決定配備的。

三叉閃電式將內、外翼部前緣具些微差異後掠角的大面積三角翼，低翼配置於機身，為了提高運動性使外翼前緣帶鋸齒狀。不具備水平安定面，取而代之在進氣道上方安裝前置翼。該前置翼本身為固定式，後緣附有襟翼。這個襟翼會自動配合起降裝置上下作動，在起降時產生龐大升力，使三叉閃電式具有極佳的短場起降能力。機鼻具有火控系統雷達，另外藉由內藏的CK37電子計算機，能夠與瑞典的SRTIL60防空系統完全保持連線。

三叉閃電式第一架原型機於1967年2月8日首次飛行，1971年6月起開始配備部隊。紳寶公司雖然努力外銷，卻因能力過於特殊而

沒有國家採用，只替瑞典空軍製造了329架便告終。

世界首次使用具前置翼的無尾三角翼機體結構實用化的紳寶37三叉閃電式。圖中為對地攻擊型的AJ37。主要諸元（JA37）：翼展10.60公尺、機長16.40公尺、機高5.90公尺、空重11,800公斤、最大起飛重量20,500公斤、動力：Volvo Flygmotor RM8B（後燃器開啟時125.0kN）×1、最大時速2,126公里、實用升限18,290公尺、攔截戰鬥行動半徑400公里、乘員1名。　（圖片提供：瑞典空軍）

- **AJ37三叉閃電**：三叉閃電式的最初量產型，以對地攻擊為主要任務的單座型。機鼻雷達為易立信（Ericsson）PS-37型，能力受限制但也具空對空機能。發動機方面，民航客機用的普惠JT8D-22型渦輪扇，換裝附後燃器等的戰機專用發動機，為Volvo公司生產的RM8A（後燃器開啟時推力115.7kN）。

- **SF37三叉閃電**：基於AJ37的全天候偵察型，拆除機鼻雷達搭載各種照相機。不具備攻擊用武器，但可搭載自衛性的空對空飛彈。

- **SH37三叉閃電**：基於AJ37作為海上偵察及巡邏型的機種，裝備海上偵察用的長焦照相機，保留機鼻的雷達，也能搭載空對艦飛彈投入攻擊任務。

- **SK37三叉閃電**：AJ37的雙座教練機型，後座設在一般駕駛艙後方高出一階的位置。機鼻方面，裝了與AJ37同樣塗黑的天線罩，但沒有裝備雷達。為了彌補隨著機身設計變更而方向穩定性的降低，垂直安定面頂部延長10.2公分增加了高度。

- **JA37三叉閃電**：單座的攔截戰鬥機型，使用SK37用來增加高度的垂直安定面。機鼻雷達大幅強化了空對空作戰機能，同時裝備增加對抗下方飛行目標能力的易立信（Ericsson）PS-46／A型。航電等各種搭載電子裝置，也升級為最新型。引擎為增強型、後燃器開啟時推力125.0kN的RM8B。

- **AJS37三叉閃電**：更新AJ37的電子裝置以提高空戰能力的機型。還增加了搭載新型空對艦飛彈的能力。

- **AJSF37三叉閃電**：SF37的現代化改良型，也被付予作戰暨攻擊能力。

●**AJSH37三叉閃電**：SH37的現代化改良型，增加了新型空對艦飛彈等的運用能力。

三叉閃電式從一種基本設計發展出各種用途機種，結果在瑞典空軍9個航空師進行運用。最後機體在2005年11月退役下來。

延長垂直安定面頂部、機身也略微加長的攔截型JA37三叉閃電式。三叉閃電式為了滿足瑞典空軍獨特的運用要求，採用發動機配備推力反向器、折疊式垂直安定面的機體結構等，一般戰鬥機為避免重量增加而不會使用的裝備。前置翼為固定式，後緣裝有襟翼。　　　　　　　　　　　　　　　（圖片提供：瑞典空軍）

　　英法兩國空軍皆認為1970年代需要新型的攻擊機，各自進行了機體的研究方案。然而，用途和需求能力幾乎一致，倘若兩國共同開發、製造方案，不但可以分擔一國的研發經費，還多了因製造機數增加機體價格跟著降低等好處，便於1965年擬定共同需求規格書。接著當作推動計畫的企業，選出了英國BAC（現英國BAE系統公司）與法國布雷蓋（現達梭航太），1966年5月成立SEPECAT作為開發新型機的國際共同企業。機體設計以布雷蓋的方案為主體，因而將總公司設在法國。另外動力系統由兩國共同開發，勞斯萊斯和透柏梅卡(Turbomeca)研發出Adour渦輪扇發動機。

　　該新型機被命名為**美洲豹式**（Jaguar），第一架原型機（法製雙座型）於1968年9月8日進行首飛。機體為渦輪扇雙發動機，主翼採高翼配置。主翼前緣前方的機身兩側，具有矩形進氣口。駕駛艙設在機身高一階的位置，上面覆有大型突起罩蓋，確保良好的機外視野。尾翼為一般佈局，全動式的水平安定面安裝在機身，略帶下反角。

　　該機體結構雖為共通，由於英法用途不同，兩國機鼻形狀也有所差異。法國空軍的單座攻擊型，機鼻裝有圓錐形罩蓋且前端尖細，下方設有雷射標定器。另一方面英國空軍型，將雷射測距目標指示跟蹤器（LRMTS）收藏於機鼻內部，機鼻底部因而成方形。雙座型的機鼻，兩國一致，與法國空軍的單座型形狀相同。另外，英國空軍機包含雙座型在內，垂直安定面上配備了雷達警告接收器，為此有細長的板狀蓋橫切垂直安定面。至於外銷型的美洲豹式國際機，英國負責行銷，英國空軍規格為基本型，並製造了機鼻裝備法國

Thomson-CSF（現為泰利斯集團）研發的龍蘭舌（Agave）雷達的
機型。

法國與英國共同開發的SEPECAT美洲豹式，成為國際共同開發戰鬥機的先驅。圖
中為法國空軍美洲豹式A型。主要諸元（美洲豹式A）：翼展8.69公尺、機長16.83
公尺、機高4.89公尺、翼面積24.2平方公尺、空重7,000公斤、最大起飛重量
15,700公斤、動力：勞斯萊斯／透柏梅卡（Rolls-Royce/Turbomeca）Adour Mk102
型（後燃器開啟時32.5kN）×2、最大時速1,699公里、實用升限14,000公尺、戰
鬥行動半徑852公里、乘員1名。　　　　　　　　　　（圖片提供：法國空軍）

- 美洲豹式 A：法國空軍取向的單座攻擊機型，發動機配備 Adour101型（後燃器開啟時推力32.5kN）。

- 美洲豹式 E：美洲豹式 A 型的雙座教練機型，一般雙座型將第二個駕駛艙設在原本駕駛艙的後方，由於美洲豹式可簡化電子裝置便將第二個駕駛艙設在原本的駕駛艙前，兩個駕駛艙都能獲得良好的機外視野。

- 美洲豹式 GR.Mk1：英國空軍取向的單座攻擊機型，發動機配備 Adour102型（32.5kN）。

- 美洲豹式 GR.Mk1A：GR.Mk1配備新的航電系統等裝置，又可配備自衛用響尾蛇式空對空飛彈的改良機名稱。響尾蛇式採用裝配於主翼上的方法。

- 美洲豹式 GR.Mk1B：賦予 GR.Mk1 具攜掛熱影像及雷射標定莢艙（TIALD）能力的改良機。

- 美洲豹式 T.Mk2：英國空軍的雙座教練機型，基本上與美洲豹式 E 型相同，配備雷達警告接收器等，搭載的電子裝置符合英國空軍要求。

- 美洲豹式 GR.Mk3：美洲豹式 GR.Mk1A／B電子裝置升級後的名稱。

- 美洲豹式 GR.Mk3A：美洲豹式 GR.Mk3 電子裝置再次升級後的名稱。

- 美洲豹式 IS：印度空軍取向的單座攻擊型，在英國生產了35架後，在印度的印度斯坦製造了99架。

- 美洲豹式 IT：印度空軍取向的雙座教練機型，在英國生產了2架

後，在印度斯坦製造了29架。

●**美洲豹式IM**：印度空軍取向的對艦攻擊型，機鼻配備龍舌蘭（Agave）雷達付予該機具有空對艦飛彈的運用能力。12架在印度斯坦製造。

●**美洲豹式T**：雙座教練型外銷用名稱。

●**美洲豹式S**：單座攻擊型外銷用名稱。

　　美洲豹式全機雖然已從法國空軍與英國空軍退役下來，現今仍在3個國家以第一線戰機使用。

英國空軍的美洲豹式GR.Mk1。機鼻的形狀、雷達預警器貫穿垂直安定面板上部等等，皆與法國空軍型相差甚遠。英國空軍持續在能力提升上做修改，不過全機於2007年10月退役，現在只剩出口國家進行運用。　　　　（圖片提供：英國空軍）

　　授權生產了前蘇聯噴射戰鬥機的中國，於1961年達成協議同樣授權生產MiG-21「魚床」（參看78頁），後來中蘇對立蘇聯撤回技術員的緣故，僅靠著設計圖完成了殲擊七型。接著中國於1964年著手研發基於殲擊七型的高空高速戰鬥機。雖然是以殲擊七型為基礎，為了達到所要求的能力變更為雙引擎戰鬥機等等，出現很大的差異性。這架**殲擊八型I**為了確認機體結構的妥當性，使測試空氣動力的試驗機於1969年7月5日進行首飛，10年後的1979年7月終於獲得承認量產，該原型機於1980年5月完成，卻在下個月的地面試車時發生火災燒毀了，結果首飛延到1981年4月24日才進行。而在當時，雷達等的搭載電子裝置尚未完成，1984年11月機體才完成總裝。附帶提起，雷達為獨立研發的SR-4型。

　　殲擊八型I完整使用了殲擊七型的機體結構並加以大型化，採用發動機橫向置於後方機身佈局。因此該機為具水平安定面的三角翼機，機鼻具有進氣口，其內部設有激波錐的機體結構。不過中國完全更改了該機體設計，研發出稱作殲擊八型II的衍生型。在殲擊八型II，進氣口移到了機身兩側，機鼻改成收納雷達的圓錐形天線罩。主翼等處進行細部設計修改，並在尾部下方加裝折疊式的大型鰭片。該殲擊八型II的原型機於1984年6月12日進行首飛，之後生產由殲擊八型II取代。

　　由於中國搭載的電子裝置技術進步緩慢，所以與美國之間以接受雷達及電腦等供給提升殲擊八型II來達成協議。卻因1989年天安門事件執行禁止輸出這些製品到中國的措施，這項契約因而中止。往後的改良型，基本上使用中國的國內技術。

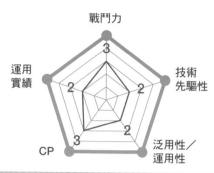

中國基於MiG-21的設計獨立研發了雙引擎大型攔截戰鬥機殲擊八型。圖中為殲擊八型Ⅰ。主要諸元（殲擊八型Ⅱ）：翼展9.35公尺、機長21.59公尺、機高5.41公尺、翼面積42.2平方公尺、空重9,820公斤、最大起飛重量17,800公斤、動力：成都WP13AⅡ（後燃器開啟時65.9kN）×2、最大速度馬赫2.2、實用升限20,200公尺、戰鬥行動半徑800公里、乘員1名。
（圖片提供：Max Smith）

- 殲擊八型 I：以 MiG-21 的獨立研發機－殲擊七型的基本設計為藍本的大型暨雙引擎化的最初量產型。一般說來於 1985 年開始量產。發動機配備後燃器開啟時推力 59.8kN 的渦噴 7 型。

- 殲擊八型 II：在機鼻及進氣口等做大幅設計變更的改良型，發動機使用後燃器開啟時推力 65.9kN 的渦噴 13 型 A II。

- 殲擊八型 II ACT：在線控飛行操作系統（Fly-by-wire）開發上所使用的機體，於 1996 年 12 月 29 日進行首飛。進氣口上方裝有小型前置翼。

- 殲擊八型 II C：引進線控飛行操作系統，發動機配備後燃器開啟時推力 73.6kN 渦噴 14 型，以原型機進行了飛行試驗，卻未到達實用化。也被稱作殲擊八型 III。

- 殲擊八型 II D：駕駛艙右側固定設有空中加油用管的機型，也被稱作殲擊八型 IV。

- 殲擊八型 II H：殲擊八型 II D 的先進型，配備 1492 型火控雷達，具備搭載各式最新飛彈能力的機型。也可以從殲擊八型 II D 和 F 型看出，對這個配備標準做了能力提升的修改。

- 殲擊八型 II M：配備俄羅斯所提供電子裝置的發展型。使用 Phazotron Zhuk-8II 雷達，航電等裝置也換成最新系統。另外，具備運用俄製各種武器的能力，發動機配備後燃器開啟時推力 68.7kN 的渦噴 13 型 B。1996 年 4 月 19 日進行第一次飛行。一般來說為計劃外銷的機型。

- 殲偵八型：殲擊八型 I 的偵察型。

- 殲偵八型 II F：殲擊八型 II 的偵察型。

　　初期的殲擊八型Ⅰ只裝備中國人民解放空軍，不過殲擊八型Ⅱ也
交給人民解放海軍的航空部隊作為防空戰機使用。雖然釋出計劃外
銷的訊息，但目前除了中國以外沒有其他國家引進。北約組織命名
「長鬚鯨」（Finback）的代號。

殲擊八型的先進型，大幅更改了機體形狀的殲擊八型Ⅱ。機鼻安裝了收納火控雷達
的天線罩，進氣口被移到機身兩側。主翼下方裝備由中國獨立研發出來的PL-8短
程空對空飛彈。　　　　　　　　　　　　　　　　　　（圖片提供：美國國防部）

蘇聯（當時）於1960年代中期計劃開發與美國新型戰鬥轟炸機具有同等能力的機種，蘇愷設計局首先試製了有尾三角翼雙引擎戰鬥機T6-1，於1967年7月2日進行首飛。該主翼作成可變後掠翼的是T6-2I，1970年1月17日首度試飛。在那之後製造了幾種可變翼實驗機投入飛行測驗。另一方面，於距離開始測驗較接近的1971年12月，確立了新型戰鬥轟炸機設計為可變後掠翼機的方針，T6系列七號機T6-7的設計被運用在實用機上。於是誕生的機種為 **Su-24**，1973年起開始交付給蘇聯空軍，1975年進入實戰狀態。北約組織命名該機種「**劍師**」（Fencer）的代號。

Su-24為配備了可變後掠翼的並列雙座大型戰鬥轟炸機，該機體結構與美國的F-111（參看98頁）完全相同。主要用途當然都是以高速超低空飛行攻擊為目標，空對空作戰成為次要任務。可變式主翼的外翼部，前緣後掠角在16度到69度之間移動，當中的35度和45度有停止位置。一般來說，16度為起降時，35度為巡航飛行時，45度為高機動性飛行時，69度為超音速飛行或低空高速飛行時使用。武裝方面，當初曾計劃在機內設置彈艙，實用機則改成機身和主翼下共計8個外掛架，具有最大載彈量8,000公斤的能力。左右翼下兩邊合計4個外掛架，內側的一組安裝在固定翼部，外側一組則設在主翼的可動部，為了使裝載品配合主翼後掠角的變化經常保持向前，引進活動掛載點的系統。機身可加掛收納空中加油用軟管等的莢艙，可與具備接受空中加油機能的Su-24、Su-24同伴進行空中加油。

Su-24與F-111同樣以高性能超音速戰鬥轟炸機完成，並外銷到許

多國家。冷戰當時，幾乎沒有情報流出，被視為東側各國的強大攻
擊戰力而引以為懼。

前蘇聯研發的可變翼戰鬥轟炸機－Su-24「劍師」。圖中為早期量產型Su-24「劍師
B」。主要諸元（Su-24「劍師C」）：翼展17.64公尺（展開時）／10.37公尺（後掠
時）、機長24.53公尺、機高6.19公尺、翼面積55.2平方公尺（展開時）／51.0平方
公尺（後掠時）、空重21,150公斤、最大起飛重量30,700公斤、動力：Сатурн
／Lyulka AL-21F-31A（後燃器開啟時109.8kN）、最大時速2,317公里、實用升限
17,500公尺、戰鬥行動半徑1,046公尺、乘員2名。

（圖片提供：美國國防部）

- Su-24「劍師A」：指的就是T6-7，發動機排氣口為矩形。
- Su-24「劍師B」：最初的量產型，發動機排氣口配合導管做成圓形。
- Su-24「劍師C」：基本上與「劍師B」相同，雷達警告接收器設於主翼固定翼部的前緣接合處前方，該部分突起。
- Su-24M「劍師D」：1983年服役的轟炸能力強化型，換掉之前的地形迴避雷達，配備地貌追沿雷達（TFR），配備新型的PNS-24M航電／攻擊系統。改良型也具有掛載空中加油用莢艙的能力。
- Su-24MK「劍師D」：Su-24M的外銷型。
- Su-24MM：Su-24M的發動機，預計從AL-21F型渦輪扇風機（後燃器開啟時推力109.8 kN）換裝成AL-31型（122.6kN），但未落實。
- Su-24MR「劍師E」：基於Su-24M的偵察型，配備了側射雷達、照相機、電子偵察器材等裝置。
- Su-24MP「劍師F」：Su-24M的電子戰型，兩側進氣口下方進行裝設電子干擾用天線等的修改。

　　Su-24共生產了多達1,200～1,400架戰機，成為前蘇聯空軍和蘇聯海軍航空部隊戰術攻擊暨偵察任務的主力機。蘇聯解體後，具部署基地的加盟共和國家：亞塞拜然、白俄羅斯、哈薩克、烏克蘭、烏茲別克等保留機體繼續使用。除此之外，還外銷到阿爾及利亞等7個國家，除了阿富汗與伊拉克目前仍然有5個國家繼續使用。雖然見於2000年左右停止了生產，因俄羅斯政府資金困頓等，後繼機

（Su-32／34「鴨嘴獸」）的裝備大幅延遲，便對Su-24M進行現代化修改以維持作戰能力。該改良型被稱為Su-24M2，除了配備「鴨嘴獸」（Fullback）所搭載的部分電子裝置，還引進了GPS航電與頭盔瞄準器，據說現俄羅斯空、海軍的大多數機體都接受了此種修改。

以機鼻的雷達加裝地形追蹤機能等攻擊力提升的Su-24M「劍師D」為基礎，發展成可搭載各種偵察器材的偵察型Su-24MR「劍師E」。 （圖片提供：美國海軍）

　　研發出1958年開始實用配備的單引擎戰鬥轟炸機Su-7「裝配工」的蘇愷設計局，關於俄羅斯空軍於1964年指示可變後掠翼機的研究，決定先以Su-7為藍圖著手作業，設計出稱為Su-22的機體。該Su-22於1966年8月2日進行首飛，成為前蘇聯第一種飛上天的可變後掠翼機。主翼構成方面，具63度後掠角的內側固定翼部分取較寬幅度，其前方的外翼部可在30度到63度的範圍移動。當初西方預料該機種大概只到研究機結束，然而Su-22在飛行試驗上相較於Su-7顯示出大幅的起降性能改善與長程航續距離性能，結果決定於1969年以Su-17進行量產。北約組織決定繼續沿用Su-7「裝配工」（Fitter）的代號，由此可見該機種或許不準備投入量產。

　　Su-17機翼以外充分運用Su-7的設計，雖然變更了搭載的電子裝置，發動機仍然裝備後燃器開啟時推力94.2kN的AL-7F型。但這麼一來動力會不足，立刻換裝AL-21F-3型（109.7kN），同時做了增加燃料裝載量的改良。該機型被稱為Su-17M，其外銷型為**Su-20**。Su-17繼續改良製造了**Su-17M-2／-3／-4**，這些機種的外銷型為Su-22M-2／-3／-4。另外，Su-17／-22還製造了在駕駛艙後方配置第二座艙的雙座型，有Su-17UM-2「裝配工E」以及Su-17UM-3／-22UM-3「裝配工G」。除了增加後座艙，細部設計也做了更改。至於Su-17UM-3／-22UM-3，則裝備新的航電暨攻擊系統，具備了某種程度的作戰能力。

　　Su-17／-20／-22系列持續生產到1990年為止，總生產機數超過2,800架。俄羅斯及前蘇聯的同盟共和國以外，還外銷到安哥拉、埃及、利比亞、祕魯、波蘭、敘利亞、越南、葉門多個國家，俄羅

斯方面已全部退役，不過還有8個國家持續運用。

以Su-7的基本設計為藍圖製成的可變翼戰鬥轟炸機－蘇愷Su-17／-20／-22「裝配工C～K」系列。圖中為Su-17M「裝配工C」。主要諸元（Su-22-M-4「裝配工K」）：翼展13.68公尺（展開時）／10.03公尺（後掠時）、機長17.34公尺、機高5.13公尺、翼面積38.4平方公尺（展開時）／34.5平方公尺（後掠時）、空重10,900公斤、最大起飛重量19,400公斤、動力：Lyulka AL-21F-31型（後燃器開啟時109.8kN）×1、最大速度馬赫1.9、實用升限15,400公尺、戰鬥行動半徑704公里、乘員1名。　　　　　　　　　　　　　　　　　　　　　　　（圖片提供：美國海軍）

●Su-17「裝配工C」：最初的量產型。

●Su-17M-2D「裝配工D」：改良了電子裝置類的機型。

●Su-17M-2K「裝配工F」：發動機換裝R-29BS-300型（112.8kN）的機型。

●Su-22M-3「裝配工G」：使用雙座型Su-22UM-3的機體架構，拆除後座加裝電子裝置的機型。

●Su-17M-3「裝配工H」：基本上和Su-22M-3相同。

●Su-17M-4「裝配工K」：最終生產型，搭載最新電子裝置的機型。外銷型為Su-22M-4。

Su-17／-20／-22「裝配工C～K」系列多數進行外銷，伴隨而來衍生型也變多。圖中為交付利比亞空軍的Su-22M-3「裝配工G」。　　　　（圖片提供：美國國防部）

第 **4** 章
高機能化

1970年代到1990年代，噴射戰鬥機為了應付空戰到飛彈戰的作戰，朝著高機能化的方向成長。守護日本領空的F-15鷹式以及MiG-29「支點」等，為具代表性戰機。第四章將來驗證這些仍在世界第一線上持續活躍的戰鬥機。

　　拒絕與空軍的戰鬥機通用化而取消F-111B計畫的美國海軍，於1968年6月提出新的艦隊防空戰鬥機（VFX）需求案，1969年1月14日決定採用格魯曼公司提出的G-303E設計案，以**F-14雄貓式**（Tomcat）引進。F-14沒有製造原型機一開始就製造了量產型，一號機於1970年12月21日進行首飛。VFX被要求能夠領先艦隊擊破敵方航空攻擊戰力，同時具備近接空中對戰上也能取勝的高運動性，滿足這些條件的F-14為大型雙引擎戰鬥機、配備可變後掠翼的設計。

　　F-14的明顯特徵之一，是具有強大的火控雷達AN／AWG-9，以及射程超過130公里的AIM-54鳳凰式（Phoenix）空對空飛彈所具有的長程迎擊能力。AN／AWG-9單一目標約210公里、複數目標也有165公里以上的目標搜尋能力，複數目標模式可從偵測到的目標中同時持續追蹤24個目標，並以AIM-54同時攻擊其中6個目標。當然也配備了近接作戰用的中程空對空飛彈（早期為AIM-7麻雀式、後來為AIM-120AMRAAM）、短程空對空飛彈（AIM-9響蛇尾式）以及機關砲（20公釐火神式機砲）。

　　主翼可在20度到68度之間改變後掠角，後掠角的變化也備有自動模式。該自動模式被稱為馬赫後掠程式（Mach Sweep Program），電腦根據飛行速度與高度自動計算出最適當的後掠角，然後設定在那個角度。之後增加轟炸機能力的F-14，也具備後掠角固定在55度的轟炸模式。當然也能手動操作。停放在航空母艦上時，為了節省空間後掠角可收至75度，不過無法以此後掠角飛行。

　　F-14於1972年10月開始配備美國海軍的訓練部隊，1973年也在

實戰部隊開始運用。另外，79架戰機還外銷到伊斯蘭革命前的伊朗。2006年9月前全機從美國海軍退役下來，不過伊朗空軍目前還有35架左右的戰機持續運用。

使用可變後掠翼的最強艦載戰鬥機－格魯曼F-14雄貓式。圖中為裝備F-110發動機的F-14B。主要諸元（F-14D）：翼展19.54公尺（展開時）／10.15公尺（後掠時）、機長19.10公尺、機高4.88公尺、翼面積52.2平方公尺、空重18,051公斤、最大起飛重量33,724公斤、動力：通用電機（GE）F110-GE-400（後燃器開啟時102.8kN）×2、最大速度馬赫2.34、實用升限16,150公尺、戰鬥行動半徑1,232公里、乘員2名。 （圖片提供：美國海軍）

● **F-14A**：最初的量產型，發動機裝備後燃器開啟時最大推力93.0kN普惠TF30-P-412A型渦噴扇。早期機型在機鼻下方有個收藏紅外線搜索追蹤系統的小型突起塊，後來加裝AN／AXX-1型電視攝影組，換裝成較大型的突起塊。外銷到伊朗的也是初期型，同樣具有AIM-54鳳凰式的運用能力。不過伊朗伊斯蘭革命後美國停止支援，必須自行確保零件等，武器方面則研發了改造自霍克地對空飛彈的大型空對空飛彈，在F-14A裝備。

● **F-14A+**：過渡到F-14D（參看前圖例）之際暫定機種的名稱，後來更名為F-14B。

● **F-14B**：F-14A經常被TF30發動機動力不足和可靠性低等問題點拿來批評，為此計劃變更發動機。在那當中一架試驗性換裝普惠F401-PW-400型（124.5kN）發動機的機種名稱。因發動機技術上的問題以及資金短缺無法量產，F-14B的名稱便決定用在F-14A+。於1973年9月12日首飛。

● **F-14B超級雄貓式**：將前項F-14B的發動機，換裝成後燃器開啟時推力144.5kN通用電機F101衍生型戰鬥機用引擎（DFE）的機型。於1981年7月14日首飛。

● **F-14B**：F-14A+的名稱變更後的機型，將F-14A的發動機換裝成F101DFE的量產型F110-GE-400（102.8kN）的機型。一號機於1986年9月29日首飛。

● **F-14C**：計劃裝備F101DFE的量產型，但未進行製造。

● **F-14D**：最初配備F110-GE-400型發動機被重新製造的機型，是F-14的最終生產型。同時追蹤目標數與偵測距離為原本的兩倍，

　　換裝使用數位技術處理速度也大幅提升的AN／APG-71等，攻擊
暨防禦用電子裝置全部換新。量產型的一號機，於1990年2月9
日進行首飛。

F-14作為長程攻擊敵方航空機的艦隊防空戰鬥機被開發，在那之後為了也能在搭載
英艙式偵察器材的偵察任務或轟炸任務上運用而進行了修改。圖中是從航空母艦羅
斯福號（USS Theodore Roosevelt）出發配屬於海軍第31戰鬥飛行中隊（VF-31）
「菲力貓」（Tomcatters）的F-14D。　　　　　　　　（圖片提供：美國海軍）

　　美國空軍於1965年4月，開始檢討成為F-4幽靈式II（參看94頁）後繼機的長程戰鬥機，在那之後分析新世代的前蘇聯戰鬥機的能力加上在越戰取得的教訓等等，於1968年9月構思了要求書。從各家製造商針對該項要求提出的方案中，在1969年12月選定麥道（McDonnell Douglas）公司（現為波音公司）的設計案，動力方面也在1970年3月，決定採用普惠（P&W）公司的提案。為此麥道公司決定研發**F-15鷹式**（Eagle）戰鬥機，普惠公司著手開發對應的F100型渦輪扇發動機。F-15的一號機於1972年7月27日進行試飛。

　　F-15為大推力雙發動機的大型戰鬥機，高翼配置主翼，翼下前方設有大型矩形的可變式進氣口。再者，為了實現高速性、卓越的爬升率及加速力，垂直安定面採用與前蘇聯MiG-25（參看106頁）同樣兩片的雙垂直安定面形式。雷達裝設具有150公里近距探測的AN／APG-63，具備中程空對空飛彈視程外的交戰能力，加上大面積主翼與大推力引擎的組合，即便在近接戰也能發揮絕佳的高運動性。這些都是從越戰吸取教訓發展而來的。於1974年11月開始配備美國空軍部隊。航空自衛隊也引進以發展型F-15C／D為基礎的F-15J／DJ。

　　F-15從一開始便擁有具未來發展空間的設計，戰鬥機型目前仍持續做階段性的提升能力。而1980年代初，針對美國空軍的新型戰鬥轟炸機計畫提出的衍生型方案，製造了打擊鷹式（Streak Eagle）作為展示用，該機型以F-15E鷹式於1984年2月14日被採用。F-15E運用雙座型的機體設計，裝備緊貼在機身兩側的適形油箱，該處也能裝備攻擊用的武器。這麼一來武器類的裝載量超過11噸，機體重

量也跟著增加因而大幅強化了機體構造。1988年12月開始在美國
空軍部隊服役。

以符合美國空軍要求的最強制空戰鬥機為目標所開發出來的波音F-15鷹式。圖中
為早期生產型F-15A。主要諸元（F-15C）：翼展13.05公尺、機長19.43公尺、機高
5.63公尺、翼面積56.5平方公尺、空重12,790公斤、最大起飛重量31,057公斤、
動力：普惠F100-PW-220（後燃器開啟時105.7kN）×2、最大度速馬赫2.5、實用
升限15,240公尺、戰鬥行動半徑1,769公里、乘員1名。　（圖片提供：美國空軍）

●**F-15A**：最初的量產型，F-15沒有製造原型機。為了解決飛行測驗中發生的問題，斜切主翼端，並在水平安定面前緣增加犬齒狀等設計變改。

●**TF-15A**：全面開發階段製造的雙座型的名稱。

●**F-15B**：量產型雙座機的名稱，機體形狀與單座型相同，座艙罩後半部由於增加後座者的緣故，呈現突起狀。

●**F-15C**：單座型的改良型，1979年5月起由該機型的生產取代。形狀不變，但提升了電腦等能力，機身兩側可裝備適形油箱。該油箱與F-15E的不同，無法搭載武器類。另外美國空軍的F-15C之後也做了多階段的能力提升，雷達換裝了同時處理複數目標能力的AN／APG-70、AN／APG-63的改良型AN／APG-63（V）1、換裝主動式電子掃瞄相位陣列雷達（AESA）型的AN／APG-63（V）2等升級，往後計劃全機換成AESA的最新型雷達AN／APG-63（V）3。

●**F-15D**：F-15C的雙座型。

●**F-15J**：基於F-15C的航空自衛隊取向。後期製造部分為能力提升型，目前持續對那些機種進行提升能力的修改作業。

●**F-15DJ**：F-15J的雙座型。

●**F-15E**：運用F-15D基本設計的戰鬥轟炸機型，作為美國空軍的多用途任務戰機獲得採用。裝設可對地攻擊雷達與航電暨攻擊系統。

●**F-15I**：基於F-15E的以色列空軍型。

●**F-15S**：基於F-15E的沙烏地阿拉伯空軍型。

●**F-15K**：基於F-15E的南韓空軍型，發動機裝備通用電機（GE）
公司F110-GE-129型（129.4kN），也具有空對艦飛彈及遠攻飛彈
的運用能力。

●**F-15SG**：F-15E的新加坡空軍型，裝備F110-GE-129型發動機、
AN／APG-63（V）3AESA雷達。

裝備GBU-15精密導引炸彈、AIM-120 AMRAAM以及AIM-9M響尾蛇式空對空飛彈
等空對地、空對空雙重任務用武器。　　　　　　　　（圖片提供：美國空軍）

　　美國空軍在1969年末決定引進F-15作為新型主力戰鬥機，但是體型大、高機能的F-15機體價格也昂貴，而被指摘若要購齊空軍需要機數得花費龐大經費。因此，與體型小、輕量的低成本戰機作搭配的「高低配置」概念開始被提倡，空軍接受這樣的概念，決定於1972年1月以輕型戰鬥機（LWF）計劃引進小型戰鬥機。這項計畫後來更名為空戰戰鬥機（ACF），並且加上具備全天候作戰等能力。該ACF計畫採用以兩機的飛行審查挑選機種的方式，1974年2月進行原型機首飛的美國通用動力公司（現洛克希德馬丁）的YF-16在1975年1月13日獲選，決定以**F-16**進行裝備。

　　F-16與F-15同樣是F100型發動機的單引擎戰鬥機，採用梯形主翼搭配水平安定面的機體結構。主翼為中單翼配置，由流線形的曲線結合上下機身，採行「三維翼胴合一」（Blended - Wing - Body）的新式設計手法。進氣口設在中央機腹下方具大型開口，可以提供發動機充分的空氣。由於不追求馬赫2以上的高速性，所以進氣口為簡單的固定式。至於具創新性的，藉由引進由電腦控制稱為「線控飛行」（FBW）系統的飛行操控裝置，往後不限於戰鬥機，這項操控系統也在航空界廣泛地使用。駕駛員的操控是以電腦的數位輸入執行指令，因此什麼樣的操控裝置都無所謂，F-16採側裝式操縱桿（Side Stick）方式設於駕駛員右側，且操縱桿幾乎不必移動，電腦可依駕駛員的施力度判斷屬於何種操控，由電子訊號控制方向舵。

　　F-16在那之後繼續改良朝向戰鬥攻擊機發展，成為了美國空軍的主力戰機。又因為成本低而被許多國家採用，同樣成為美國的主力

外銷戰鬥機。

作為輔助 F-15 的輕量戰鬥機獲得採用，現今成為美國空軍核心戰鬥機的洛克希德馬丁 F-16 戰隼式（Fighting Falcon）。圖中是在美國空軍當作假想敵使用的 F-16C Block 30。主要諸元（F-16C Block 40）：翼展 10.00 公尺（含翼端）、機長 15.03 公尺、機高 5.09 公尺、翼面積 27.9 平方公尺、空重 8,627 公斤、最大起飛重量 19,187 公斤、動力：通用電機 F110-GE-100（後燃器開啟時 128.9kN）×1、最大度速馬赫 2.0、實用升限 15,240 公尺、戰鬥行動半徑 1,370 公里、乘員 1 名。

（圖片提供：美國空軍）

● F-16A／B：最初的量產型，A為單座型，B為雙座型。發動機為F-100-PW-200型（106.0kN），雷達為AN／APG-66型。

● F-16A／B Block15：F-16A／B的先進型，在增加水平安定面積等做了改良。

● F-16A／B ADF：ADF為防空戰鬥機的縮寫，F-16A／B Block15設計成美國空軍取向的防空專用戰鬥機型。在AN／APG-66型雷達增加了中程空對空雷達暨飛彈的運用能力，搭載電子裝置也全部更新。

● F-16A／B Block 20：台灣空軍取向的F-16，增加了AIM-7麻雀式中程空對空飛彈等的運用能力。

● F-16 C／D Block 30／32：可裝備通用電機F110-GE-100型（122.8kN）或普惠F100-PW-220型（104.3kN）任一發動機的機型，Block編號的下一個數字 0 為F110，2 為F100配備型。也增加了電腦記憶容量等。

● F-16C／D Block 40／42：在Block 30／32增加夜間攻擊能力的機型，雷達換裝AN／APG-68型。

● F-16C／D Block 50／52：可用在壓制／破壞敵軍防空（SEAD／DEAD）任務的機型，並增加了相關各種電子裝置與武器的搭載能力。發動機為F-110-GE-129型（131.6kN）及F-110-PW-229型（129.4kN）。

● F-16C／D CCIP：將美國空軍F-16C／D的Block 40／42和50／52改良成具有同等作戰能力的機型，CCIP為通用規格型修改計畫（Common Configuration Implementation Program）的簡略。

引進改良型雷達、使用照相機顯示裝備的駕駛艙等。

●**F-16AM／BM**：比利時、丹麥、荷蘭、挪威引進的F-16A／
B做完能力提升修改後的名稱，換裝雷達，並增加AIM-120
AMRAAM的使用能力等。

●**F-16E／F**：阿拉伯聯合大公國取向的最新型，進行AN／APG-80
AESA雷達的配備等。

●**F-16I**：以色列空軍取向的F-16D，在機身上方加裝電子裝置。

●**F-16N**：美國海軍當作假想敵機引進的Block 30，雷達為AN／
APG-66型（雙座型為TF-16N）。

F-16作為外銷戰鬥機也相當成功，美國之外有22個國家引進。結果生產機數多，
截至最近的訂單總數達4,519架。圖中為以色列空軍取向最新型F-16I，強化了對地
攻擊能力，為了搭載追加的電子裝置而加寬機身上方，且在機身兩側裝上適形燃料
油箱。以色列稱該機型為「Sufa」（暴風的意思）　　　（圖片提供：美國空軍）

泛那維亞龍捲風式

　　1968年7月英國、西德（當時）、義大利、荷蘭、比利時、加拿大6個國家，達成協議共同開發1970年代後半的主力多用途戰鬥航空機（MRCA）。然而在那之後，荷蘭、比利時、加拿大財政困難撤出了計畫，即使如此剩下的3個國家仍繼續推展計畫，於1970年7月開始了開發作業。不過3國的要求有些微差異，於是檢討了單座型Panavia 100與雙座型Panavia 200的開發，結論是同時開發兩機種花費太大，因此決定只開發雙座型的Panavia 200。

　　總結要求，Panavia 200具有卓越的短場起降能力，可高速低空突入扼阻敵人的地面部隊進攻，成為阻絕打擊（IDS）任務的主體。因此決定與美國的F-111（參看98頁）同樣使用可變後掠翼，並搭載準確性高的航電系統以及具有全天候作戰能力的電子裝置類。因此研發出來的機型，一號機在1974年8月14日進行首飛，並於同年的9月21日被命名為**龍捲風式**（Tornado）。生產型的龍捲風IDS，除了對地攻擊外也可用在對艦攻擊與偵察上，至於英國要求的防空型（ADV）決定日後另行開發。

　　該龍捲風ADV於1979年10月27日進行第一次飛行。與IDS最大的不同，在於機鼻的雷達換裝成迎擊用的AI24型獵狐者（Foxhunter），以及可在機腹搭載4發天閃式（Skyflash）中程空對空飛彈，機身因而加長了1.36公尺。主翼的活動範圍和IDS同樣為後掠角25度到67度，但前緣根部固定翼部分的後掠角，相對於IDS的60度被增加到67度，這使主翼設在更大後掠角的位置上時，固定翼部分到前緣會呈一直線。操作系統方面，增加了經由電腦控制的自動機能。

龍捲風有兩機型一起外銷到沙烏地阿拉伯，4個國家裝備使用中。於1998年停止製造，各機型總共生產機數為992架。

作為可變翼的多用途戰鬥機在歐洲3個國家實行國際通用的龍捲風，首先製造了阻絕打擊型（IDS）。圖中為德國空軍的IDS，為第51偵察航空師的下屬機因而機腹設有偵察莢艙。主要諸元（龍捲風IDS）：翼展13.91公尺（展開時）／8.60公尺（後掠時）、機長16.72公尺、機高5.95公尺、翼面積26.6平方公尺（展開時）、空重13,890公斤、最大起飛重量27,950公斤、動力：Turbo-Union RB199 Mk103（後燃器開啟時71.5kN）×2、最大度速馬赫2.2、實用升限15,240公尺、戰鬥行動半徑1,389公里、乘員2名。　　　　　　　　　　　　　　　　　　　　（圖片提供：EADS）

泛那維亞龍捲風式

● 龍捲風 IDS：德國空海軍、義大利空軍、沙烏地阿拉伯空軍所引進的阻絕打擊型。之後德國海軍機移交給空軍。

● 龍捲風 ADV：做了加長機身、裝設迎擊雷達等改良的防空型。

● 龍捲風 ECR：以龍捲風 IDS 為基礎製造成電子戰偵察型的機種，德國空軍引進。

● 龍捲風 IT ECR：義大利空軍將 IDS 改造成與 ECR 相同配備的機型。

● 龍捲風 GR.Mk1：義大利空軍的龍捲風 IDS 的名稱。

● 龍捲風 GR.Mk1A：GR.Mk1 的畫間偵察能力提升型。

● 龍捲風 GR.Mk1B：GR.Mk1 裝備空對艦飛彈，追加對艦攻擊能力的機型。

● 龍捲風 F.Mk2：英國空軍的龍捲風 ADV 的名稱，發動機裝備和 IDS 後期生產型相同的 Turbo-Union RB199Mk103（後燃器開啟時推力 71.5kN）。

● 龍捲風 F.Mk2A：機翼可變系統引進自動後掠機能的機型，發動機與 F.Mk2 相同的暫定型。

● 龍捲風 F.Mk3：發動機裝備原本預定裝在 ADV 上的 RB199Mk104（後燃器開啟時推力 73.5kN），ADV 的真正量產型。

● 龍捲風 EF.Mk3：在英國空軍 F.Mk3 增加反輻射飛彈運用能力機型的非正式名稱。

● 龍捲風 GR.Mk4：對英國空軍的 GR.Mk1 進行延長壽限現代化改良的機型名稱，換裝新的電子裝置以及增加新世代攻擊武器的運用能力等。座艙方面，引進了使用彩色液晶顯示器的龍捲風式最

新雷達訊息顯示系統（TADIS）。

●龍捲風 GR.Mk4A：GR.Mk1A 進行與 GR.Mk4 同樣延長壽限等現
代化修改的機型。

另外機體名稱沒變更，德國空軍和義大利空軍在各自的龍捲風
IDS 獨自做能力提升的修改。因而增加了最新 GPS 導航武器的運用
能力等等。

英國空軍也要求開發龍捲風的防空型（ADV），於是開發了配備攔截用雷達等的專
用機型。圖中為英國空軍的龍捲風 F.Mk3。主要諸元（龍捲風 F.Mk3）：翼展 13.91
公尺（展開時）／8.60 公尺（後掠時）、機長 18.68 公尺、機高 5.95 公尺、翼面積
26.6 平方公尺（後掠時）、空重 14,500 公斤、最大起飛重量 21,500 公斤、動力：
Turbo-Union RB199 Mk104（後燃器開啟時 73.5kN）×2、最大度速馬赫 2.2、實用
升限 21,335 公尺、戰鬥行動半徑 1,852 公里、乘員 2 名。

（圖片提供：BAE 系統公司）

從法國購入的達梭幻象Ⅲ式（參看82頁），在中東戰爭取得壓倒性戰果的以色列，在炎熱的沙漠環境下幻象Ⅲ式以雷達為首的電子裝置頻頻發生問題，因而要求達梭公司開發簡單型。達梭公司基於這項要求開發了幻象5，卻因政策變更沒有外銷到以色列。為此以色列自行生產該種戰鬥機，IAI（以色列航太公司）首先開發了匕首（Dagger）。接著以名為「黑簾」（Black Curtain）的計畫開始換裝F-4幻象Ⅱ式用J79型的機體開發，1970年10月19日換裝幻象Ⅲ式雙座型發動機J79型的機體進行了首次飛行。該量產型為**幼獅式**（Kfir）。

量產之際，為了將發動機推力增大到幻象Ⅲ式的10%以上，擴充了進氣口以獲得充足的空氣。又為了冷卻後燃器部分，在垂直安定面的前緣基部加裝專用的進氣口。機體重量也隨之增加的緣故，強化了起落架及機體的各部分。該幼獅式的開發過程有許多令外界不清楚的地方，曾有消息傳出生產了換裝幻象Ⅲ式單座型發動機的閃電式（Barak）的機型，卻沒有實證或照片。另外開發階段也曾傳出機鼻裝設了火控雷達，不過該種機型的製造也未經確認。

幼獅於1975年開始在以色列空軍服役，於1977年11月黎巴嫩攻擊之際首次投入實戰。而1979年6月27日，擊落敘利亞空軍的MiG-21，成為空中對戰上的首次擊落。以色列也曾經計劃外銷幼獅式，由於J79型發動機的原產國—美國不允許發動機出口，計畫暫時無法實現。但是在1982年對部分國家解除了這項條件，外銷至厄瓜多爾、哥倫比亞、斯里蘭卡。另外從1985年到1989年期間，美國海軍、海軍陸戰隊當成假想敵機購入使用。

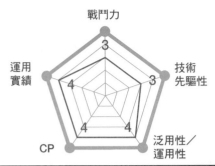

戰鬥力 3
技術 先驅性 3
泛用性／ 運用性 4
CP 4
運用 實績 4

遭到法國拒絕出口幻象戰鬥機的以色列，開始獨自研發戰機，歷經仿製機到幼獅戰
鬥機的完成。圖中為幼獅C10的試驗機。主要諸元（幼獅C7）：翼展8.22公尺、機
長15.65公尺、機高4.55公尺、翼面積34.8平方公尺、空重7,285公斤，最大起飛
重量10,500公斤、動力：通用電機J79-J1E（後燃器開啟時83.4kN）×1、最大時
速2,440公里、實用升限22,860公尺、戰鬥行動半徑1,186公里、乘員1名。

（圖片提供：以色列航太公司）

● **幼獅C1**：最初的量產型，發動機配備了後燃器開啟時推力78.9kN的J79-GE-17型。

● **幼獅C2**：C1的改良型，採用提升運動性為主的設計。在機翼前緣中央偏外側位置設有缺口（犬齒），機鼻安裝稱為「延伸板」（strake）的細長小型擋流板。並且在進氣口上方，裝有帶後掠角的前置翼（副翼），該前置翼為固定式。部分電子裝置也換新，機鼻裝設了M-2001B型測距雷達。

● **幼獅TC2**：幼獅C2的雙座教練型，增長機身、改為雙座，並且調降機鼻使前方視野變好。

● **幼獅C7**：幼獅C2的改良型，增加兩個武器掛架，也因此增加了起飛重量。發動機安裝83.4kN的J79-IAI-JIE型。機鼻的測距雷達換裝EL／M-2021型，並增加了空中加油能力。機體形狀沒有太大變動。以色列空軍大部分的C2被改造成該C7。

● **幼獅TC7**：幼獅C7的雙座教練型。

● **幼獅C10**：外銷用的現代化改良型，換新座艙設計、雷達搭載EL／M-2032的機型，也被稱為幼獅CE、幼獅2000，外銷到厄瓜多爾。

● **幼獅TC10**：哥倫比亞空軍的幼獅TC7，進行與C12相同能力提升的機型。

● **幼獅C12**：哥倫比亞空軍幼獅C7的能力提升修改型，採用了幼獅C10的計畫內容，但未換裝雷達。

● **F-21A**：美國海軍與海軍陸戰隊當作假想敵機所引進幼獅C1的美國軍方名稱，為了提高運動性並使低速時的操作性變好，在進氣

口設置小型固定式前置翼。C2／C7的前置翼，大小、形狀都不相同。

　幼獅式全機雖然已從以色列空軍退役下來，在外銷國仍然作為第一線戰機繼續使用。

發動機原產國家—美國，不允許長期出口給使用J79型的幼獅式。不過之後解除這項禁令後，美國海軍與海軍陸戰隊均將之當成空中對戰訓練用的假想敵機F 21A（圖中）引進。F-21A基於幼獅C2，為裝備了小型化前置翼等的改良型。

　　　　　　　　　　　　　　　　　　（圖片提供：美國海軍）

　　美國研發出F-14及F-15的新世代戰鬥機，前蘇聯立刻也在1969年開始了命名為「未來前線戰鬥機計畫」（PFI）的新戰鬥機開發。該項計畫決定並行開發大型機與輕型機這兩種類型，其中的大型戰鬥機指名由蘇愷設計局負責開發，進行名為T-10原型機的製造，於1977年5月20日進行首次飛行。只是T-10在設計上有許多的問題，對細部設計做多次的修改，量產型完成定裝是在1982年11月。此外，以雷達為首所搭載的電子裝置在開發上也出現問題，1985年終於將實驗用機體交付前蘇聯空軍。

　　那便是Su-27「側衛」（Flanker），採用梯形主翼、全動式的水平安定面、以及雙垂直安定面的機體結構。主翼以流暢的曲線融入機身，中央翼部直接構成機身。此形狀稱為「舉升體」（Lifting body），用來減少空氣阻力、確保機內空間。動力系統為大推力的AL-31F型渦扇發動機（後燃器開啟時推力122.6kN），取較大的間距安裝在該機體的下方，其前方主翼前緣下有進氣口。操控裝置為模擬式的線控飛行操作系統（Fly-by-wire）。駕駛艙設在前機身較高的位置，其前方為放置雷達的天線罩。雷達為NIIR N001型（北約組織代號「Slot Back」），最大探測距離為240公里的強力系統。而駕駛艙前具有紅外線搜索追蹤系統。此為探測飛行中目標所釋放的紅外線（熱）來進行追蹤的裝置，不像雷達會發出電波，因而具有不被反探測就能尋獲對方的優點。該裝置的探測距離一般來說有50公里。

　　該Su-27於1985年末開始在部隊服役，北約組織代號稱為「側衛」。Su-27生產了多種的衍生型，連戰鬥轟炸機Su-32／-34也運用

此設計。基本型的戰鬥機型現為俄羅斯空軍的主力戰機，並且外銷到許多國家。

前蘇聯用以媲美 F-14 和 F-15 的大型戰鬥機，開發了蘇愷 Su-27「側衛」。圖中為初期的生產型 Su-27P「側衛 B」。主要諸元（Su-27P「側衛 B」）：翼展 14.70 公尺、機長 21.94 公尺、機高 5.93 公尺、翼面積 62.0 平方公尺、空重 16,380 公斤、最大起飛重量 33,000 公斤、動力：Сатурн／ Lyulka AL-31F（後燃器開啟時 122.6kN）×2、最大速度馬赫 2.35、實用升限 18,000 公尺、戰鬥行動半徑 15,00 公里、乘員 1 名。　　　　　　　　　　　　　　　　　　　　　　（圖片提供：美國海軍）

●T-10「側衛A」：Su-27的開發原型機。

●Su-27P1S「側衛B」：最初的量產型，翼尖具有空對空飛彈的攜掛架，垂直安定面上端裁切等，在T-10做了許多設計變更。

●Su-27UB「側衛C」：Su-27的雙座教練型，在駕駛艙後方設置第二座席同時加高設置位置，駕駛艙後方到機身的線條大幅度變化。以雷達為首所搭載的電子裝置與單座型相同，具有同等作戰能力。

●Su-27K「側衛D」：為海軍艦載戰鬥機的機型，主翼增加折疊結構，在主翼前方進行安裝高升力裝置等修改，此外還配備了捕捉鈎。後來名稱改為Su-33。

●Su-27KUB：海軍取向的雙座教練型，為並列雙座機。

●Su-27M：裝有前置翼、能力大幅提升的多用途戰鬥機型，公開製造了原型機的Su-35「側衛E」以及具備向量推力噴嘴的Su-37「側衛F」，但是未達量產。

●Su-27PD：展示用的長程防空戰鬥機型，裝有空中加油用的探針。

●Su-27PU：雙座多用途戰鬥機的原型，以Su-30M／MK進行生產（參考180頁）。

●Su-27SK「側衛B」：Su-27的外銷型，增加了對地攻擊能力。部分搭載電子裝置改為能力下降型。中國的授權生產型為殲擊11型A。

●Su-27SKM：和Su-27SK同樣是單座外銷型，對搭載電子裝置等做現代化的修改。也具有空中加油系統。

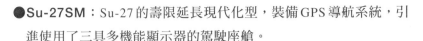

●**Su-27SM**：Su-27的壽限延長現代化型，裝備GPS導航系統，引進使用了三具多機能顯示器的駕駛座艙。

●**Su-27UBM**：Su-27UB進行了與Su-27SM相同修改的壽限延長現代化型。

●**Su-27BM**：也命名為Su-35，為現階段「側衛」系列中的最新型，雷達等等全部換新。

Su-27「側衛」也被選為海軍的艦載戰鬥機，實施航空母艦上的多種運用試驗。但由於俄羅斯海軍決定不裝備航空母艦，這些海軍取向的「側衛」被當成陸上攻擊機裝備。機體名稱最初是Su-27「側衛D」，後來改為Su-33「側衛D」。

（圖片提供：美國海軍）

在1969年確立的PFI（未來前線戰鬥機）計畫中，接獲輕型戰鬥機開發指示的米格設計局（當時），被要求開發具有超越美國新世代戰機F-14～F／A-18的運動性，以及中程空對空飛彈視距外的作戰能力。米格開始製造稱為「9號」（Product 9）的原型機，該機於1977年10月6日進行首次試飛。飛行測驗的結果，雖然幾項設計被變更，從1982年開始量產。那就是 **MiG-29**，和Su-27的搭配構成前蘇聯版的「高低配置」。開始配備部隊是在1983年，北約組織命名該機種的代號為「**支點**」（Fulcrum）。

MiG-29的基本機體結構與Su-27非常相似，這是因為運用了前蘇聯空氣動力研究所（TsAGI）的研究成果。外觀上最大的差異，在於從主翼前緣接合處到駕駛艙下方形成寬廣的大型延伸面，一般來說該延長部分發揮了整體舉升率的40%。至於後機身下方，一時間裝置了與Su-27相同的尾鰭，開始量產配備後判斷不需要便拆除。操縱裝置方面，不是線控飛行操作系統（Fly-by-wire），而是使用一般的機械裝置。動力方面，為後燃器開啟時推力81.4kN的RD-33渦扇雙發動機，佈局幾乎和Su-27一樣。機鼻裝設N-019藍寶石29（北約組織代號「Slot Back」）雷達，駕駛艙右前方並且具有紅外線搜索追蹤系統。雷達的北約組織代號雖然與Su-27相同，一般來說MiG-29使用的為小型雷達，最大探測距離約70公里。

作為MiG-29最新先進型被開發出來的是 **MiG-35「支點F」**。動力方面配備具有向量推力噴嘴的RD-33MK型（88.3kN），機鼻雷達換裝主動式電子掃瞄相位陣列雷達（AESA）型的Zhuk AE。另外，裝備稱為OLS的新式電子光學定位儀取代紅外線搜索追蹤系統，駕

駛座艙的設計也全部換新。飛行操縱裝置，變成了數位式的線控飛
行操作系統。

作為與 Su-27 搭配的小型雙引擎戰鬥機所開發的米格 MiG-29「支點」。圖中為東西
側統一後德國所運用的米格 MiG-29「支點 A」。主要諸元（MiG-29S「支點 C」）：
翼展 11.36 公尺、機長 17.32 公尺、機高 4.73 公尺、翼面積 38.0 平方公尺、空重
10,000 公斤、最大起飛重量 19,700 公斤、動力：克里莫夫／薩爾基索夫（Klimov
／Sarkisov）RD-33（後燃器開啟時 81.4kN）×2、最大速度馬赫 2.3、實用升限
18,000 公尺、航續距離 1,430 公里、乘員 1 名。　　　　　　（圖片提供：德國空軍）

●MiG-29「支點A」: 單座戰鬥機型的最初量產型。

●MiG-29UB「支點B」: MiG-29的雙座教練機型，雷達換裝成只具有測距機能的簡單型。操縱席的後座非高位配置。

●MiG-29S「支點C」: 變更操控電腦以提升操作性，並且稍微加大機背突起塊用以增加燃料裝載量的機型。取得N019M型雷達、R-77型（AA-12「阿塔」）中程空對空飛彈等新世代武器的運用能力。

●MiG-29SD「支點C」: MiG-29S的外銷型，馬來西亞取向的機型被稱為MiG-29N。

●MiG-29SE「支點C」: MiG-29S的外銷型，雷達為能力下降型的N019ME型。

●MiG-29SM「支點C」: 在MiG-29S增加各種對地攻擊武器運用能力的多用途戰鬥機型，雷達也加了空對地機能。

●MiG-29K「支點D」: 艦載戰鬥機型，還開發了雙座型的MiG-29KUB，不過未經採用。

●MiG-29M「支點E」: 飛行操縱裝置換成了線控飛行操作系統的先進型，裝備玻璃座艙，雷達增加了地貌追沿等機能，也具有高對地攻擊力。外觀上，翼尖前緣部分偏圓弧狀，另外，位於主翼前緣，根部延伸部分上方的輔助排氣口具有被簡化等差異。

●MiG-29SMT: MiG-29M的先進型，加大機身上的突起塊用以增加燃料載量，駕駛座艙也換成最新設計。雷達方面，裝備更長探測距離的Zhuk ME型，航電系統及通訊器也作了新型化。

●MiG-29UBT: 在MiG-29UB加入MiG-29SMT改良點的雙座教練

型。

●**MiG-29OVT**：備有MiG-35「支點F」的向量推力噴嘴發動機的實驗機。

●**MiG-35「支點F」:** 參考前項。基本上為外銷專用機，未來俄羅斯可能作為MiG-29的後繼機型引進。

基於MiG-29的設計，配備向量推力噴嘴及AESA雷達等，經大幅改良、新世代化的MiG-35「支點F」。圖中為其研發機MiG-29OVT。主要諸元（MiG-35「支點F」）：翼展15公尺、機長19公尺、機高6公尺、空重11,000公斤、最大起飛重量29,700公斤、動力：克里莫夫RD-33MK（後燃器開啟時88.3kN）×2、最大速度馬赫2.25、實用升限17,500公尺、航續距離2,000公里、乘員1名。 （圖片提供：青木謙知）

為比利時、丹麥、荷蘭、挪威的通用戰鬥機計畫,以同是歐洲國家而提出幻象F1方案,卻敗給美國F-16的達梭公司,對於接下來的新型戰鬥機,決定恢復其擅長的無尾三角翼佈局,並增添線控飛行操作系統(Fly-by-wire)等最新技術。於是設計出單發動機的**幻象2000**,裝備後燃器開啟時推力83.4kN的斯奈克瑪(Snecma)M53-2渦扇發動機,於1978年3月10日首次試飛。法國空軍決定以幻象2000裝備該量產型,自1983年4月起開始接收。初期的生產型裝設RDM型雷達,之後換裝原本預定裝備的RDI型。發動機後來也改成95.1kN的M53-P2型。其雙座教練型為幻象2000B,由於設置了後座駕駛艙使得燃料裝載量減少,卻與單座型具有同樣的作戰能力。其外銷型為幻象2000E,雙座型為幻象2000D。

幻象2000D的名稱,也被用在法國空軍取向的機種上,雖然同樣是雙座型卻作為戰鬥轟炸機,後座搭配專門的武器系統官。雷達方面,強化了地貌追沿機能等的對地模式。使用相同機體結構並具有核打擊能力的是幻象2000N,擁有初期型的2000N-K1、具備一般武器運用能力的2000N-K2、裝設統合型自我防禦系統的2000N-K2-4C、可掛載改良型核飛彈及偵察莢艙的2000N-K3等各種機型。

戰鬥機型方面,還製造了雷達配備多機能型的RDY,同時將各種搭載電子裝置新型化、配備航電合併投下暨發射武器系統的機型,幻象2000-5於1997年12月在法國空軍服役。再者,雷達進行能力提升等的發展型為先進型幻象2000-5 Mk2,也被稱為幻象2000-9。

另外還製造了一架由幻象2000做成雙發動機裝配前置翼等的戰鬥轟炸機型-幻象4000,於1979年3月9日進行首飛,不過沒有任何

國家採用。

無尾三角翼搭配最新技術，作為法國空軍新型戰鬥機所開發的幻象2000。圖中為幻象2000C。主要諸元（幻象2000C）：翼展9.13公尺、機長14.36公尺、機高5.14公尺、翼面積41.0平方公尺、空重7,500公斤、最大起飛重量17,000公斤、動力：斯奈克瑪（Snecma）M53-P2（後燃器開啟時95.1kN）×1、最大速度馬赫2.2、實用升限16,460公尺、航續距離1,852公里、乘員1名。

（圖片提供：法國空軍）

達梭幻象2000

幻象2000首先在法國空軍進行裝備，戰鬥機型幻象2000C、2000-5、2000-5Mk2的各種機型與雙座型的幻象2000B被運用。除此之外，擁有戰鬥轟炸機型的幻象2000D以及具有核子攻擊能力的幻象2000N，幻象2000N是法國唯一的核子攻擊航空戰力。幻象2000還外銷到其他8個國家（巴西、埃及、希臘、印度、祕魯、卡達、台灣、阿拉伯聯合大公國），希臘空軍、卡達空軍、台灣空軍、阿拉伯聯合大公國空軍擁有與最新型幻象2000-5Mk2相同配備的機種。

以幻象2000的雙座型為基礎，作為對地攻擊任務主體的機型為幻象2000D和2000N，圖中的幻象2000N具有核子攻擊能力。掛載在機腹下的是可裝備核彈頭的空對地中程飛彈（ASMP）。　　　　　　　　　（圖片提供：法國空軍）

第 **5** 章
最新世代機

高機能化使得噴射戰鬥機價格昂貴，最後開發了採用具代表性的匿蹤技術以提高存活能力的戰鬥機。在最後的第五章要來驗證，包含開發中的F15寂靜鷹（Silent Eagle）與F-35閃電二型（Lightning Ⅱ）等，活躍在21世紀世界空中最新世代機的實力。

　　美國海軍在1990年決定採用全翼式匿蹤戰機A-12復仇者II（Avenger II），作為新型艦載戰鬥機，但預測開發和生產需要投入龐大的成本，於是在1991年1月決定取消計畫。另一方面，麥道（當時）於1987年以F／A-18大黃蜂（Super Hornet）的外銷型，著手機體大型化等發展型黃蜂2000（Hornet 2000）的研究，中止A-12計畫的美國海軍於1992年5月，決定引進黃蜂2000的改良暨發展型，成為取代A-12的新型艦載戰鬥攻擊機。那就是**F／A-18E／F超級大黃蜂**，E為單座型，F為雙座型。

　　超級大黃蜂直接繼承前作F／A-18A～D的基本機體結構，不過在各部分則做了大型化及細部設計更改。另外，增長內翼部與外翼部的翼弦（前後方向的長度），尤其在外翼部變更了前緣襟翼的形狀，可在主翼邊緣裝設犬齒。主翼前緣根部的延伸面積增大35%成為大黃蜂的明顯特徵之一，不過長度被縮短，原本大黃蜂延伸到駕駛艙前方的部分，改成只到駕駛座艙中央。因此，橫向擴張變得相當大。垂直安定面和水平安定面也增加了面積，這些與高速到低速之間全體運動性的提升有關，因而可增加燃料載量，也實現了戰鬥行動半徑加大、武器搭載量增加等等。加上謹慎密合機體的接縫，並在發動機進氣道內裝設擴射雷達波的雷達屏障（radarblocker）等，因而具備某種程度的匿蹤性。該進氣道的形狀也是和大黃蜂有很大差別的一點，原本的「D」字型變成菱形。

　　超黃蜂於1995年11月29日進行試飛，1999年11月開始配備美國海軍中隊，服役後持續做能力上的提升，稱為Block II的機型採用主動式電子掃瞄相位陣列雷達（AESA）型的AN／APG-79等改良。

戰鬥力

技術
先驅性

泛用性／
運用性

CP

運用
實績

F／A-18黃蜂進行大型化並大幅提升能力，波音F／A-18E／F的超黃蜂。圖中為
單座型的F／A-18E。主要諸元（F／A-18E）：翼展13.68公尺（包含翼端）、機長
18.38公尺、機高4.88公尺、翼面積46.5平方公尺、空重14,552公斤、最大起飛
重量29,938公斤、動力：通用電機（GE）F414-GE-400（後燃器開啟時97.9kN）
×2、最大速度馬赫1.8、實用升限15,240公尺、航續距離1,426公里、乘員1名。

（圖片提供：美國海軍）

5-2 波音Ｆ／Ａ-18E／F 超級大黃蜂
各種型號及配備

●**F／A-18E**：單座的量產型，在大黃蜂大幅變更設計作成大型、重量化。為此，發動機也裝備通用電機（GE）F414-GE-400型（後燃器開啟時推力97.9kN）。初期機種裝設AN／APG-73雷達，也具有AN／ASQ-228先進瞄準前視紅外線（ATFLIR）的攜帶能力。被稱為Block II的機型，維持ATFLIR的運用能力，進行換裝AN／APG-79 AESA雷達等升級變更。現在仍然持續做這類階段性的能力提升，計劃引進紅外線搜索追蹤系統。

●**F／A-18F**：雙座的量產型，在駕駛艙增加後座。基本上都一樣，不過任務型F／A-18F拆除操控用的操作裝置，後座乘員專門負責武器系統的操作。因此，操作感測器的手置節流閥被設在左右的控制台。教練型的F／A-18F，後座也有用作操作訓練的操縱桿及拉桿。

●**EA-18G咆哮者（Growler）**：以F／A-18F為基礎的電戰型，主翼和機腹下方最多可攜帶5個AN／ALQ-99戰術干擾系統莢艙。翼端方面，F／A-18E／F為空對空飛彈的掛載點，EA-18G則是裝備AN／ALQ-218（V）2戰術干擾接受器。也具有反輻射雷達飛彈等的攜帶能力，可一邊進行電子干擾一邊完成壓制、破壞敵方防空（SEAD／DEAD）任務。機鼻的雷達為AN／APG-79。於2006年8月15日進行首飛，2008年6月開始交付美國海軍部隊。

超黃蜂展開美國海軍的戰鬥攻擊飛行小隊的配備，配備各航空母艦的航空師一般配備2個飛行小隊，一個成為F／A-18E、另一個成為F／A-18F部隊。而往後EA-18G也將作為EA-6B的後繼機，配備航空母艦航空師的電子作戰飛行小隊。除了美國以外，採購

該機種的，目前只有澳大利亞空軍，預定只引進24架雙座型的Ｆ／
A-18F，作為現在使用中Ｆ-111的後繼機。

接受空中加油的雙座型Ｆ／A-18F超級大黃蜂。美國海軍的Ｆ／A-18F為了用在操作
訓練等方面，也擁有後座裝設操縱系統機型，以及後座乘員專門負責武器系統操作
的作戰任務型這兩種類型。　　　　　　　　　　　　　　（圖片提供：美國海軍）

　　波音公司在2009年3月17日發表開發計畫的F-15鷹式（Eagle）最新發展型，以複合任務戰鬥機F-15E為基礎的戰鬥攻擊機。開發重點，在於維持高作戰攻擊能力並且提高匿蹤性，機體形狀方面，將直立的兩片垂直安定面設在外側傾斜點上為明顯的差異。這會稍微降低最大速度性能，被雷達掃瞄到時卻具有減少反射的效果。另外，機身兩側可裝置適形油箱這點和F-15E相同，F-15E使用燃料收藏在內部並將攻擊用武器掛架裝在下方的莢艙，此外，也能使用內置武器的新式彈艙取代放入燃料。

　　這種新型莢艙，單邊有兩個武器搭載裝置，一個是空對空飛彈專用，另一個是空對空飛彈與空對地攻擊武器的共用型。兩種都只有在使用時移到莢艙外側，武器的發射或投下一旦結束，裝置便收起。使用該內置式彈艙時，由於機翼及機身下不裝備任何搭載物，機體形狀流暢因而提高了匿蹤性。波音公司說明，與傾斜垂直安定面相互配合下，大大減少了飛行中的阻力，就算燃料搭載量變少，和F-15E相比也只少了20％的戰鬥行動半徑。搭載的電子裝備也更新為最新世代機型，例如機鼻雷達換成AESA型的AN／APG-63（V）3，相對於標準型，增加了各種空對地機能。此外，可根據需求在進氣口下方安裝航電莢艙及標定莢艙（附帶紅外線搜索追蹤系統），還可進行全天候的超低空攻擊任務。

　　波音公司針對**寂靜鷹**（Silent Eagle），於2009年6月17日發表將開發經費納入預算。美國空軍沒有引進該機種的預定，而成為外銷專用機。飛行試驗的開始目標在2010年第1季，最初的重點放在不傾斜垂直安定面、內藏式彈艙的試驗上，在那之後預定以完裝的寂

靜鷹進入試驗。

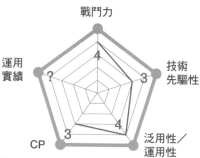

波音公司作為 F-15 系列的最新發展型所發表的 F-15 寂靜鷹。將內藏式武器的適形莢艙安裝在機身兩側，垂直安定面向外傾斜等來提高匿蹤性。也可運用 F-15E 所使用的適形莢艙，在那種情形下將大大降低匿蹤性，武器搭載量則會大幅提升。

（圖片提供：青木謙知）

運用Su-27「側衛」（參看162頁）雙座型的設計，作為真正戰鬥轟炸機的蘇愷**Su-30M**，在1991年開始了開發作業，由Su-27UB改造的實驗機於1992年4月14日進行首次飛行。只不過該機體未裝備完整的電子裝置，而在1997年決定裝備具向量推力噴嘴的發動機及前置翼，完裝的第一架原型機於1997月1日進行首飛。北約組織代號沿用「**側衛**」（Flanker）。

Su-30M和外銷型**Su-30MK**，首先生產未裝備向量推力噴嘴及前置翼的機型，接著移至完裝機型的製造，不過機體名稱照舊使用Su-30MK。帶向量推力噴嘴的發動機，首先製造了AL-37FP（後燃器開啟時推力122.6kN）。該發動機噴嘴只能上下作動。接著製造的AL-37PP，噴嘴可朝所有方向活動，換成稱作「三維式」的發動機。AL-37是用在Su-27的AL-31F發展型，噴嘴裝了轉向裝置，長度因而增長40公分，重量也增加了110公斤。所搭載的電子裝置依型號有所差異，不過都裝備了準確性提高的導航系統，雷達（N001系列為基本）除了加裝各種空對地機能，還使用了可同時運用空對空機能與空對地機能的設備。駕駛艙方面，座艙設計採用彩色液晶顯示系統的螢幕顯示儀表為主體，還可根據型號搭載法國或以色列的電子裝置。

搭載的武器種類也很豐富，尤其是空對地／空對艦武器，具備使用電視導引系統或雷射導引系統等精密導引武器的運用能力。至於中國方面，配合Su-30MK的引進，進行Kh-59ME（AS-18 Kazoo）空對地飛彈、Kh-29T（AS-14 Kedge）、KAB-500Kr 500公斤導引炸彈等武器的採購。

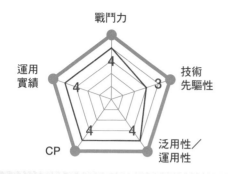

蘇愷Su-27「側衛」發展成多用途戰鬥機型Su-30M，也進行外銷出口。圖中為印
度空軍Su-30K「側衛F2」主要諸元（Su-30MKI「側衛H」）：翼展14.70公尺、機長
21.94公尺、機高6.36公尺、翼面積62.0平方公尺、空重17,700公斤、最大起飛
重量38,800公斤、動力：Сатурн／ Lyulka AL-31FP（後燃器開啟時122..6kN）
×2、最大時速2,119公里、實用升限17,300公尺、航續距離3,000公里、乘員2
名。　　　　　　　　　　　　　　　　　　　　　　　　（圖片提供：印度空軍）

●**Su-30M「側衛F-2」**：強化了對地攻擊能力，雙座戰鬥攻擊機型最初量產型。

●**Su-30MK**：Su-30M的外銷型，垂直安定面頂部不做裁切成水平狀。沒有前置翼。

●**Su-30MK2**：裝備帶有前置翼與單軸向量推力噴嘴AL-37FP型發動機的量產型名稱。

●**Su-30MKA**：阿爾吉利亞空軍取向Su-30MK1的名稱，裝備以色列製的電子裝置。

●**Su-30MKI「側衛H」**：印度空軍取向，分四個階段交付提升能力的機型，被稱為MKⅠ、MKⅡ、MKⅢ、MKⅣ，目前統合了MKⅠ。裝備前置翼，最終完成了設有三維向量推力噴嘴AL-37PP發動機配備型。接收在俄羅斯製造的機體，並且預定在印度國內授權生產140架機。

●**Su-30PU**：印度空軍取向Su-30M的名稱，搭載法製電子裝置及以色列製電戰系統。

●**Su-30MKK「側衛G」**：中國人民解放空軍取向Su-30MK2的機型，無前置翼。雷達裝備能力提升型的N001VE。也傳出以殲擊13型在中國製造的計劃，但俄羅斯否決。

●**Su-30MKK2**：提升了海上作戰能力的中國人民解放海軍航空部隊取向發展型，也增加了具有偵察器材莢艙的運用能力。N001VE雷達做了可合併空對地機能與空對空機能的升級。基本機體形狀和Su-30MKK相同，翼端非空對空飛彈的掛載點，而是把電戰系統收藏其內的桶狀莢艙。

●**Su-30MKK3**：Su-30MKK2的改良發展型，雷達裝備新型的 Zhuk MSE。

●**Su-30MKM**：馬來西亞空軍取向的機型，以Su-30MKI為基礎，裝備前置翼及向量推力噴嘴。

●**Su-30MKV**：委內瑞拉空軍取向，和Su-30MKK3同樣具有水平的垂直安定面頂端，無前置翼。

中國也引進Su-30系列，進行人民解放空軍取向的Su-30MKK「側衛G」、海軍航空部隊取向的Su-30MKK2以及MKK3的裝備。圖中為海軍取向的Su-30MKK2。

（圖片提供：中國海軍）

達梭飆風式

　　法國空軍在1970年代末考慮在1992年左右需要美洲豹式（Jaguar）的後繼戰術機，於是訂立了名為ACT92的新型戰鬥機計畫。而海軍所使用的F-8E（FN）在那段時間也是更換新型機的時期，因此計畫將這兩機種的後繼機型合併成一種。另一方面，英國及西德（當時）等國幾乎也在同時期需要新戰鬥機，於是西歐諸國團結一致摸索新戰鬥機的開發。然而，把艦載機也列入考慮範圍的法國要求機體規模較其他國家小而意見不合，決定在1985年7月退出共同開發計畫，8月自行研發戰鬥機。於是雙引擎戰鬥機－**達梭飆風式**（Dassault Rafale）便誕生了。

　　飆風式也決定裝備法國斯奈克瑪（Snecma）開發的M88型渦扇發動機（後燃器開啟時72.9kN），由於發動機的開發需要時間，先製造了裝備美製F404型（80.0kN）的技術驗證機。那便是飆風A型，無尾三角翼搭配全動式前置翼組成的機體結構，或是包含進氣口的全機體形狀也與量產型完全相同，但因發動機具大推力，以大一點的大型機體完成。飆風A型於1986年7月4日進行首飛，1990年2月27日只將左邊發動機換成M88型就開始了飛行測驗。

　　藉由飆風A型逐漸取得飛行特性等的資料後，原本裝備M88型的飆風式進行製造，1991年5月19日空軍規格的單座機飆風C型一號原型機進行首次飛行。由於飆風式是法國獨自計畫，所以開發作業進展相當順利。然而，冷戰結束國防預算被大幅削減，這使量產型的裝備計畫產生很大的延遲，而部隊的裝備，法國海軍始於2000年9月、法國空軍始於2002年。兩軍裝備計畫機數（空軍234架、海軍60架）截至目前仍維持不變。首批生產型為僅具有空對空作戰能

力被稱為F1的規格機，接著是增加對地攻擊能力的F2規格機，以及最終多用途作戰型F3規格機被製造。

戰鬥力

技術
先驅性

泛用性／
運用性

CP

運用
實績

達梭公司開發的最新世代戰鬥機為無尾三角翼搭配前置翼的飆風式。圖中為法國空軍單座機的飆風C型（後方）和雙座機的飆風B型（前方）。主要諸元（飆風C型）：翼展10.80公尺（含翼端飛彈）、機長15.27公尺、機高5.34公尺、翼面積45.7平方公尺、空重9,850公斤、最大起飛重量24,500公斤、動力：斯奈克瑪（Snecma）M88-2（後燃器開啟時72..9kN）×2、最大速度馬赫1.8公里、實用升限16,765公尺、戰鬥行動半徑1,760公里、乘員1名。　　　（圖片提供：達梭公司）

- **飆風 A 型**：裝備通用電機（GE）F404 型發動機，用比原來大一點的尺寸製造而成的技術驗證機，1994 年 1 月 24 日前進行了 865 次的飛行測驗。

- **飆風 B 型**：法國空軍取向的雙座量產型，搭載與單座型相同的電子裝備，具有同等作戰能力。也製造了操控教練型，大多將後座乘員當作武器系統官運用，法國空軍計畫裝備比單座型多 139 架機。

- **飆風 C 型**：法國空軍取向的單座量產型，機鼻搭載被動式電子掃瞄相位陣列雷達 RBE2，並裝備 SPECTRA 電子干擾、OSF 光電追蹤系統等。主翼和機腹下方有 14 個武器類的掛載點，可搭載最新世代空對空飛彈及攻擊武器類，最終規格標準（F3 規格機）也具有帶核彈頭飛彈 ASMP 的運用能力。雷達方面，持續 RBE2 主動式電子掃瞄相位陣列（AESA）型的開發，訂定目標在 2012 年開始量產。

- **飆風 M 型**：法國海軍取向的單座型，基本上與飆風 A 型相同，為了在航空母艦上運用而進行了構造強化或專用裝載品的增加等。至於機身外的掛載點，從 14 個減為 13 個。

- **飆風 N 型**：最初被稱為飆風 BM 型的法國海軍取向雙座教練機型，並未製造。

- **飆風 Mk2 型**：作為外銷型所提案的機種，與飆風 C 型具有同等機能，動力方面使用推力提升型的 M88-3（後燃器開啟時推力 88.3kN），可在機身上方兩側裝備適形油箱的機型。雷達也可裝備 RBE2 的 AESA 型。

飆風式在 2003 年中的法國海軍、2006 年 6 月的法國空軍，以不同機型的作戰運用獲得認同。因而推動了兩軍戰力，該作業進行順利。為此，達梭決定今後在外銷型更加努力，不過至今沒有外國採用。

法國海軍也將飆風式作為艦載戰鬥機引進，海軍型的飆風 M 型進行機體各部分的強化。法國海軍只進行單座型的裝備。圖中為從航空母艦戴高樂號（Charles de Gaulle）出發的飆風 M 型。　　　　　　　　　　　　　　　（圖片提供：達梭公司）

由於瑞典本國空軍的特殊要求，一直以來研發獨特戰鬥機的瑞典於1980年6月著手新世代戰鬥機的研究。花費龐大經費的新世代戰鬥機在獨自開發上有些批判聲音，而以小型單引擎戰鬥機來抑制經費等於1982年5月6日獲得政府承認開發。新型戰機被命名為**獅鷲式**（Gripen），開發之際瑞典的航空器產業各家公司決定進行協助而設立了JAS集團。不過在那之後各家製造商經營等發生變化，目前紳寶（SAAB）公司取得英國航太公司（BAE系統公司）的協助，執行計畫全體的管理暨經營，加盟JAS集團的各家公司以副契約者身份提供製造的負責部分。

獅鷲式和前作三叉閃電式（Viggen）（參考122頁）同樣是無尾三角翼搭配前置翼的機體構成，前置翼的使用方法成為新概念。三叉閃電式為了取得短場起降性能而使用前置翼，為固定式、後緣帶襟翼的機型，獅鷲式則為全體可活動的全動式。利用該前置翼搭配電腦控制的線控飛行操作系統，企圖操作穩定性不佳的機體以獲得優異的運動性。降落時則藉由增大前置翼向前倒產生巨大的空氣阻力，可以用來減速，縮短起降滑行距離。動力方面，使用VOLVO授權生產的通用電機（GE）F404型渦扇發動機增強型RM12（後燃器開啟時推力80.5kN）。機鼻裝備易立信（Ericsson）PS-05／A多模式雷達，駕駛座艙使用螢幕顯示器的設計。

雖然三叉閃電式時便是如此，紳寶公司在獅鷲式戰機上同樣以單一基本設計，只更換裝備便能運用在各種戰鬥為概念來設計機體。機名「JAS」採用瑞典文「戰鬥、攻擊、偵察」第一個字母組合而成。獅鷲式的一號機原型機於1988年12月9日進行飛行，而第一架

量產型也於1992年9月10日首次試飛，於1993年6月開始交付瑞典空軍。

戰鬥力

3

運用
實績　　3　　　　4　　技術
　　　　　　　　　　　先驅性

4　　　4

CP　　　　　　　泛用性／
　　　　　　　　運用性

瑞典開發的紳寶39獅鷲式，在歐洲新世代戰機中最先獲得實用化。圖中為捷克空軍取向的單座型JAS39C（前方2機）和雙座型JAS39D（後方）。主要諸元（JAS39C）：翼展8.40公尺（包含翼端飛彈）、機長14.10公尺、機高4.50公尺、空重6,820公斤、最大起飛重量14,000公斤、動力：Volvo Flygmotor RM12（後燃器開啟時80.5kN）×1、最大速度馬赫2.2公里、戰鬥行動半徑800公里、乘員1名。

（圖片提供：達梭公司）

●JAS39A獅鷲式：單座多用途型的最初量產型。

●JAS39B獅鷲式：JAS39A型全長延長約70公分的雙座教練機型，於1996年4月29日進行首飛。因雙座化與雙重操縱設備的裝置，拆除了位於單座型前方機身左舷的27公釐機關砲，此外，維持與單座型相同的作戰能力。

●JAS39C獅鷲式：JAS39A型的改良型，座艙螢幕顯示器更換成彩色、裝備紅外線搜索追蹤系統、增設空中加油用探針、升級電腦軟體版本等。

●JAS39D獅鷲式：JAS39C型的雙座型，修改重點與JAS39B型相同。

●增強型獅鷲式（Enhanced Gripen）：作為獅鷲式作戰能力提升型計畫開發機型，改良電戰系統提高存活能力的同時，考慮把雷達變更成主動式電子掃瞄相位陣列雷達（AESA）型等。使用雙座型的機體設計在後座部分增加燃料油箱，為擴大戰鬥行動半徑計畫。

●獅鷲式DK／N：以增強型獅鷲式為基礎，丹麥（DK）和挪威（N）的提案型。

●獅鷲式Demo：增強型獅鷲式的技術驗證機，運用在AESA雷達、新型電子裝備等試驗上。機內燃料裝載量大約增加了40%，機體重量也增加了。因此動力上使用F414G（後燃器使用時推力98.0kN）。於2008年5月27日進行首次飛行。

　　瑞典空軍決定引進280架獅鷲式編制成16個飛行中隊，不過之後機數削減為204架，針對初期交付的戰機予以能力提升等改良。現

今獅鷲式成為瑞典空軍唯一的戰鬥機，為了維持今後戰力，考慮開始退役時以改良型作遞補。前作三叉閃電式（Viggen）雖然沒有外國採用，不過獅鷲式到目前為止有捷克、匈牙利、南非、泰國決定引進。這些國家全部接收基於JAS39C／D型的機體，捷克與匈牙利已交付完畢。

獅鷲式的單座型只需換裝即可用在作戰、攻擊、偵察各種任務上，被設計、開發成具有多用途作戰能力的戰機。圖中的機體在機腹裝備了偵察莢艙。

（圖片提供：獅鷲國際公司）

　　歐洲自1970年代末起商討共同開發下一世代戰機，雖經一番波折，終於在1983年5月由英國、西德（當時）、法國、義大利、西班牙5個國家達成推進作業的協議。然而，要求戰機體型小一號的法國最後改變主意，結果於1985年7月決定撤出，之後由剩下的4個國家進行計畫。1986年6月成立了歐洲戰鬥機公司作為管理暨執行計畫組織，使作業正規化。然而之後冷戰的結束以及東西德的統一等歐洲政治情勢劇變，加上4個國家共通要求的規格也尚未統一，計畫一時陷入瓦解的危機。便於1992年重新計劃，1994年1月4個國家的國防部長承認新的規格文件，才終於開始研發。1998年8月「**颱風式**」作為外銷用的暱稱獲得採用，如今該機體名稱被廣泛使用。

　　颱風式（Typhoon）、瑞典獅鷲式（Gripen）以及法國飆風式（Rafale）為相同的機體結構，無尾三角翼與前置翼組成的雙引擎戰鬥機。前置翼的作用，一樣可以抑制不穩的無尾三角翼機的機頭抬升，同時達到提高敏捷性的功用。與飆風式、獅鷲式最大不同在於進氣口的佈局，大型進氣口集中並置於座艙下的機腹，將通過上方進氣道的空氣導入發動機。歐洲戰鬥機公司說明，如此一來雷達電波就不會直接打在發動機上。另外，大面積的主翼採低翼配置安裝於機身。

　　關於動力與雷達，計畫加盟各國的企業決定進行開發及製造，動力方面成立了歐洲噴射公司（Eurojet），雷達方面成立了歐洲雷達公司(Euroradar)，並且開發了EJ200型渦扇發動機（後燃器開啟時推力90.0kN）及獵捕者（Captor）雷達。颱風式的一號原型機於

1994 年 3 月 27 日進行首飛，由於 EJ200 尚未完成，一號機和二號機
裝備大黃蜂的 RB199 發動機進行首次飛行。

戰鬥力

運用
實績

技術
先驅性

泛用性／
運用性

CP

歐洲 4 個國家共同開發的歐洲颱風式。圖中為西班牙空軍取向的 Block5 型單座機
（左）以及雙座機（右）。主要諸元（單座型）：翼展 10.95 公尺、機長 15.96 公尺、
機高 5.28 公尺、翼面積 50.0 平方公尺、空重 11,150 公斤、最大起飛重量 23,500 公
斤、動力：歐洲發動機 EJ200（後燃器開啟時 90.0kN）×2、最大速度馬赫 2.0 公
里、實用升限 16,765 公尺、戰鬥行動半徑 1,389 公里、乘員 1 名。

（圖片提供：歐洲戰鬥機公司）

歐洲戰鬥機颱風式

颱風式採用區塊（Tranche）劃分成三階段進行訂購，每個區塊再細分成批次（Block），在每個批次進行階段性的能力提升。只不過，對應此種能力提升而改變機體名稱的只有英國空軍，其他3個國家只區分成單座型（S）與雙座型（T）。

● 颱風 GS／IS／SS：德國（G）、義大利（I）、西班牙（S）取向的單座型。

● 颱風 GT／IT／ST：德國（G）、義大利（I）、西班牙（S）取向的雙座型。

● 颱風 T.Mk1：英國空軍取向的 Block1 及 1B 配備的雙座教練型，僅具有空對空作戰能力。

● 颱風 T.Mk1A：英國空軍取向的 Block2 及 2B 配備的雙座教練型，提高防空能力，同時裝備了名為「DASS」防禦系統基本套件的機型。

● 颱風 F.Mk2：英國空軍取向的 Block2 及 2B 配備的單座戰鬥型。

● 颱風 T.Mk3：英國空軍取向的 Block5 配備的雙座教練型，增加了空對地攻擊能力。並且引進名為 PIRATE 的紅外線搜索追蹤裝置及聲音輸入操作系統等等。

● 颱風 FGR.Mk4：英國空軍取向的 Block5 配備的單座戰鬥機型，部分 F.Mk2 型也修改成該配備。

目前颱風式實用化的機型只到 Block5 型，符合各國需求的裝備及能力基本上也和上述英國空軍的配備相同，唯獨德國空軍未裝備 PIRATE。今後也將進行 Block8、10、15 階段性的能力提升或系統機能強化，尤其在空對地攻擊武器，將增加更新型武器的運用能

力。第三區塊（Block20以後）考慮在獵捕者（Captor）引進AESA
型獵捕者E型雷達。除了計畫加盟的4個國家，澳大利亞和沙烏地
阿拉伯也決定引進颱風式，澳大利亞只引進單座型。裝備72架戰機
的沙烏地阿拉伯，決定在國內組裝48架機。

颱風式作為實現空對空作戰與空對地攻擊雙方需求的真正多用途戰機被開發，並根
據搭載武器的組合，可在飛行中切換攻擊或作戰任務。歐洲戰鬥機公司以「變更執
行任務」（swing-role）稱此。圖中為搭載雷射導引炸彈的英國空軍颱風FGR.Mk4。
（圖片提供：歐洲戰鬥機公司）

　　成為美國空軍F-15的後繼戰機，以先進型戰術戰鬥機（ATF）計畫獲得採用的最新世代戰鬥機，是一架具高匿蹤性、更卓越的運動性、不使用發動機後燃器便能持續以超音速飛行的超音速巡航能力、藉由整合最新感測器資訊以提供駕駛員高度狀況辨識力、運用網路的作戰能力、迅速散開能力、兼具優越的維持暨管理性、並且具有大幅超越以往攻擊能力的戰鬥機。實驗機YF-22於1990年9月29日進行首飛，與諾斯洛普公司（Northrop Corporation）的YF-23審慎評估後，於1991年4月23日決定採用。量產型**F-22**，增加細部設計變更後提高了戰鬥機的完成度。

　　F-22的機體結構為高翼配置的梯形翼（翼端裁切得更細，也被稱作斜角形）搭配全動式水平安定面、兩片垂直安定面等雖與F-15相似，各部分則採用雷達難以探測的匿蹤技術。發動機裝備可上下改變噴嘴方向的二維式向量推力結構，即使在近接作戰也能發揮超越對手的機動性，而且就算在空氣稀薄的高度依然能維持運動性。發動機也由普惠（P&W）公司和通用電機（GE）公司新研發的引擎進行審查評估，普惠公司製的F119被選中。為後燃器開啟時推力約156kN的強力渦扇機，即使不使用後燃器也有105kN的推力。那是能與F-15的F100型發動機後燃器使用時的推力媲美的引擎，搭配機體阻力最小化設計的組合，實現了超音速巡航能力。

　　機鼻裝備主動式電子掃瞄相位陣列雷達（AESA）型的AN／APG-77雷達。為了提高匿蹤性，武器類內藏於機內共計4個武器艙為基本配備，機體側面的武器艙為AIM-9響尾蛇式空對空飛彈專用。機腹的武器艙能夠收納AIM-120 AMRAAM中程空對空飛彈以

及 GPS 導引炸彈,可依照任務改變搭載型態。

以匿蹤性為首,集最先進戰機技術於一身,被譽為現代最強戰鬥機的洛克希德馬丁 F-22A 猛禽式(Raptor)。主要諸元(F-22A):翼展 13.56 公尺、機長 18.92 公尺、機高 5.08 公尺、翼面積 78.0 平方公尺、空重 14,366 公斤、最大起飛重量 30,164 公斤、動力:普惠 F119-PW-100(後燃器開啟時 156kN 級)×2、最大速度馬赫 2.25 公里、實用升限 19,812 公尺、戰鬥行動半徑 833 公里、乘員 1 名。

(圖片提供:美國空軍)

●F-22A：量產型的單座戰鬥機，F-22只製造了這款機型。僅依製造階段，引進以雷達機能為首的各種升級。

●FB-22A：F-22的戰鬥轟炸機型案，但未實現。

　F-22A首先製造了技術暨製造開發（EMD）機，自1998年5月起交付美國空軍的試驗部隊，開始了朝實用化發展的飛行試驗。2002年9月開始配備訓練部隊，2005年4月也開始配備實戰部隊。接著在2005年12月獲得承認具有作戰能力，實行了完全的戰力。

　美國空軍最初計畫裝備750架F-22。然而，大量使用匿蹤性及各種高度技術的F-22機體價格昂貴（初期生產機為1億8,000萬美元＝約180億日圓），加上接受冷戰結束事實等等，政府逐漸減少F-22的裝備機數，最後變成187架。60架左右的追加裝備案在2009年的美國議會被提出，因必須以F-35的開發經費為優先等理由，遭到上議院及下議院雙方否決而生產終止。於是，美國空軍作戰部隊的配備變成本土2個航空師（4支飛行中隊）、阿拉斯加州2支飛行中隊、夏威夷州1支飛行中隊（國民警衛航空隊），至於預備役部隊也需要共同運用這些作戰部隊的配備機。

　為F-22誕生之始的ATF計畫，為了維持美國戰機的技術領先，具有不作外銷的基本考量。實際上關於F-22，基本上不做外銷販賣活動。只不過，日本推舉為次期戰鬥機（F-X）的檢討對象機而要求提供情報。對美國既是高水準的同盟國，也具購買昂貴F-22的經濟能力，加上若外銷日本，製造機數增加，能藉此降低美國空軍取向的機體價格等，美國國內針對是否外銷日本也進行了檢討。然而，2009年F-22的追加生產遭到否決，為了降低機體價格作外銷的理由

消失，F-22幾乎沒有出口的可能。

F-22確實是一架具備優越能力的戰鬥機，正因為如此，機體價格也昂貴，美國政府大幅縮減裝備計畫機數，最後以187架機籌措作結。因此，強烈希望出口的日本幾乎不可能引進。
　　　　　　　　　　　　　　　　　　　　　　　　　　（圖片提供：美國空軍）

　　將美國空軍、海軍、海軍陸戰隊各軍的戰鬥攻擊機從單一基本設計到實用化的「聯合打擊戰機」（JSF）計畫，在2001年10月26日決定採用的是 **F-35**。選定之際，與波音公司和洛克希德馬丁公司簽訂各製造2架實證評估機的合約，波音公司製造了X-32，洛克希德馬丁公司則製造了X-35。洛克希德馬丁公司首先在2000年10月24日讓基本型的X-35A進行第一次試飛，第二架以海軍型的原型X-35C完成，於同年的12月16日進行首飛。再者，將X-35A修改成海軍陸戰隊型的X-35B在2001年6月23日首次試飛，證明了單一基本設計可輕易製造三種機型。此外，還獲得整體完成度高等肯定，因而被選為負責F-35的研發企業。

　　F-35首先製造了15架稱為系統發展與展示（SDD）機的量產原型機並進行飛測，之後以進行量產配備的流程實行作業。SDD的一號機是以空軍取向的傳統起降（CTOL）型F-35A為基礎的試驗機，製造了稱為AA-1機型於2006年12月15日進行首飛。SDD的二號機為海軍陸戰隊取向的短場垂直起降型（STOVL）型F-35B，於2008年6月11日進行首飛。另外，F-35A的一號機於2008年12月19日、海軍取向的艦載（CV）型F-35C一號機於2009年7月29日各自完成。

　　F-35是作成機體形狀讓人聯想到F-22的單引擎戰鬥機，以高匿蹤性搭配新世代感測器整合技術以及運用武器種類比F-22豐富的多用途戰鬥攻擊機被開發。計畫將美國空軍的F-16與A-10、美國海軍陸戰隊的F／A-18與AV-8B、美國海軍的F／A-18A～D換成F-35，英國空、海軍也將作為澤鷂式（Harrier）的後繼機型引進F-35B。

各機型按照用途雖然有些微差異，不過動力方面使用後燃器開啟時推力 178kN 級普惠（P&W）公司製的 F135 渦扇發動機、機鼻搭載 AN／APG-81 主動式電子掃瞄相位陣列雷達（AESA）型、機鼻下方裝備光電瞄準系統（EOTS）、機體各部裝備防禦用感測器等等則為共通點。

洛克希德馬丁 F-35 閃電二型（Lightning Ⅱ）從單一基本設計製造成三種機型。圖中是基於空軍配備的 F-35A 所開發的 AA-1。主要諸元（F-35A）：翼展 10.67 公尺、機長 15.67 公尺、機高 4.57 公尺、翼面積 42.7 平方公尺、空重 12,020 公斤、最大起飛重量 27,215 公斤、動力：普惠 F135-PW-100（後燃器開啟時 178kN）×1、最大速度馬赫 1.6 公里、戰鬥行動半徑 1,092 公里、乘員 1 名。

（圖片提供：洛克希德馬丁公司）

● **F-35A**：美國空軍取向的傳統起降（CTOL）型，可以說是F-35的基本型。與F-16同樣是單引擎戰鬥機，機內燃料搭載量約為F-16的2.5倍，戰鬥半徑也因而增長。機腹有武器艙，需搭載更多武器等情況時，主翼下也可搭載機外裝備，此為各機型的共通能力。

● **F-35B**：美國海軍陸戰隊與英國空、海軍計畫引進短場垂直起降型（STOVL），發動機噴嘴使用旋轉式軸承，噴氣方向可從正後方到正下方的範圍作轉變。並且在座艙後方設置以發動機的傳動軸來帶動的大型舉升扇，該舉升扇也能製造向下氣流。利用這些組合可在短距離跑道上實現起降或垂直降落，還能像直昇機做空中停留（懸停）。為了在懸停期間維持或變化機體姿勢，在兩個機翼設有叫做「橫滾桿」（Roll Posts）的向下噴流裝置。

● **F-35C**：美國海軍取向的艦載（CV）型，為了盡量減慢降落在航空母艦的速度以及提升航續力，裝備比其他機型大的主翼（面積比約1.45倍）。也配備了折疊翼結構、附彈射器發射連桿的前輪、強化型起落架等航空母艦運用上必要裝備。

F-35的開發作業除美國外另有8個國家參加，依照參與程度區分成一級（英國）、二級（義大利、荷蘭）、三級（土耳其、加拿大、丹麥、挪威、澳大利亞）。至於以色列與新加坡也以安全協助加入作業。這些國家雖然沒有義務購買F-35，卻因各國企業參與製造，提高了採購的可能性。再者，成為取代F-16的外銷戰機也計畫銷往更多國家。有關這類出口，配合裝備國家的要求三種機型可任選。最初進行實用配備的是美國海軍陸戰隊，2012年末前進入作戰態勢

為現階段目標。

美國海軍陸戰隊與英國空、海軍計畫引進短場垂直起降（STOVL）型的F-35B。結束初期的飛測後，在稱為「懸停坑」（Hover Pit）的地面試驗設施固定車輪的狀態下，進行推進裝置STOVL機能的確認作業。　　　（圖片提供：洛克希德馬丁公司）

《 參 考 文 獻 》

『現代美軍用機』　航空情報增刊
（酣燈社、1966年）

『美空／海軍噴射戰鬥機』　航空雜誌增刊
（航空雜誌增刊、1978年）

『戰鬥機年鑑歷年版』　青木謙知著
（IKAROS 出版）

『軍用機武器手冊』　青木謙知著
（IKAROS 出版、2005年）

『月刊JWings各號』　（IKAROS 出版）

『月刊航空迷各號』　（文林堂）

『Encyclopedia of World Military Aircraft Vol.1 and Vol.2』　David Donald and John Lake 編
（Aerospace Publishing、1994年）

『OKB MiG』　Piotr Butowski and Jay Miller 著
（Midland Counties Pubilcations、1991年）

『OKB Sukhoi』　Vladimir Antonov.Yefim Gordon.Nikolai Gordyukov.Vladimir Yakovlev and Vyacheslav Xenkin 著
（Midland Publishing、1996年）

『U.S.Military Aircrafr Designations and Serials since 1909』　John M. Andrade 編
（Midland counties Publications、1997年）

『Jane' s All the World Aircaft 歷年版』　（Jane' s Information Group）

『The Encyclopedia Of World Aircraft』　（Aerospace Publising、1997年）

『World Aircraft Information Files各號』　（Bright Star Pbulishing）

※其他還參考了各家公司資料、網頁。

索　引

science·i

「科學世紀」的羅盤

由於誕生於20世紀的廣域網路與電腦科學，科學技術有了令人瞠目結舌的發展，高度資訊化社會於焉到來。如今科學已經成為我們生活中切身之物，它擁有的強大影響力，甚至到了要是缺少便無法維持生活的地步。

『Science·i』是為了成為號稱「科學世紀」的21世紀羅盤而創刊的。為了讓所有人理解在資訊通訊與科學領域上的革命性發明與發現，而從基本原理與機制穿插圖解以簡單明瞭的方式解說。對於關心科學技術的高中生與大學生，或社會人士來說，Science·i不僅成為一個以科學式觀點領會事物的機會，同時也是一個學習邏輯性思考的機會。當然，從宇宙的歷史到生物遺傳因子的作用，複雜的自然科學謎團也能以單純的法則簡單明瞭地理解。

除了提高基本涵養，相信Science·i系列亦能成為各位接觸科學世界的導覽，並且幫助您培養出能在21世紀聰明生活的科學能力。

※Science i的「i」乃取材於成就21世紀科學的三大基礎，資訊（Information）、知識（Intelligence）、革新（Innovation）此三個單字的字首。

TITLE

世界最強50！ 噴射戰鬥機戰力超解析

STAFF

出版	瑞昇文化事業股份有限公司
作者	青木謙知
譯者	劉蕙瑜

總編輯	郭湘齡
文字編輯	王瓊苹、闕韻哲
美術編輯	李宜靜
排版	執筆者設計工作室
製版	興旺彩色製版股份有限公司
印刷	桂林彩色印刷股份有限公司

戶名	瑞昇文化事業股份有限公司
劃撥帳號	19598343
地址	新北市中和區景平路464巷2弄1-4號
電話	(02)2945-3191
傳真	(02)2945-3190
網址	www.rising-books.com.tw
Mail	resing@ms34.hinet.net

初版日期	2011年03月
定價	300元

國家圖書館出版品預行編目資料

世界最強50！噴射戰鬥機戰力超解析 /
青木謙知作；劉蕙瑜譯.
-- 初版. -- 新北市：瑞昇文化，2011.03
208面；14.5×20.5公分

ISBN 978-986-6185-36-6 (平裝)

1.戰鬥機　2.噴射引擎

598.61　　　　　　　　100003228

JET SENTOUKI SAIKYOU50
Copyright © 2010 YOSHITOMO AOKI
Originally published in Japan in 2010 by SOFTBANK Creative Corp.
Chinese translation rights in complex characters arranged with
SOFTBANK Creative Corp. through DAIKOSHA INC. , JAPAN